高等职业教育新形态创新系列教材
新一代信息技术与人工智能系列教材

工业机器人操作与编程

GONGYE JIQIREN CAOZUO YU BIANCHENG

主　编　李婷婷　孟　鑫　陈香香
副主编　赵　霞　马伊雯　马朝华
参　编　李伟莉　姬耀峰
　　　　常　皓　陈培源

（标记*者为企业

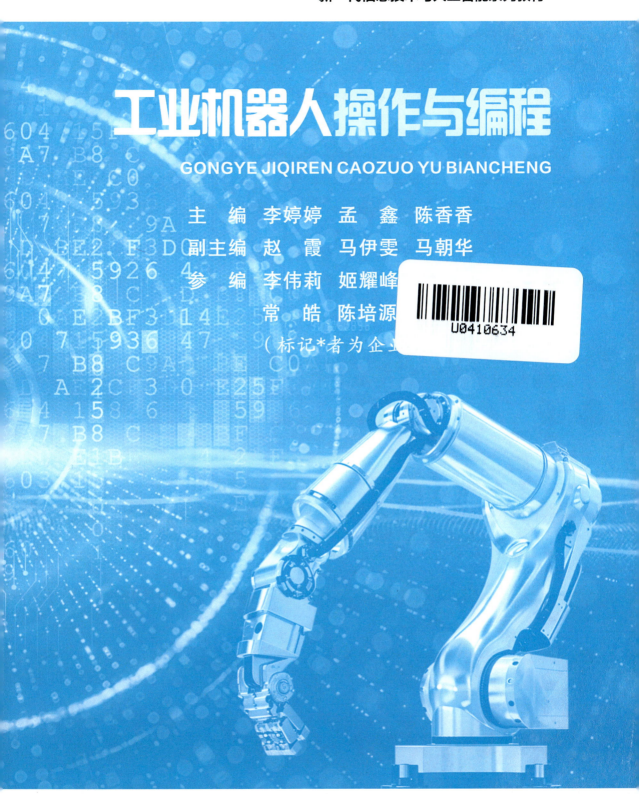

西安交通大学出版社
XI'AN JIAOTONG UNIVERSITY PRESS

内容简介

本书以工作过程为导向，选取企业真实案例，以典型工作任务驱动，结合机器人"1+X"证书考证大纲的知识点进行编写，是校企"双元"育人的职业教育改革成果。

本书包含了华数机器人编程指令应用、程序思维建立、系统设置、变量使用、I/O 接线、外围器件选配等知识，围绕绘图、搬运、装配、喷涂、码垛等行业应用展开，内容由浅入深，每个任务后都附有项目实操微课及仿真操作微课。

本书坚持立德树人的根本要求，遵循职业教育人才培养规律，落实课程思政要求，有机融入工匠精神培育，紧密联系工作实际，突出应用性和实践性，注重职业能力和可持续发展能力的培养，结合中高本衔接培养需要，符合从业人员职业能力养成规律、岗位技能的习得规律，可作为职业院校机电一体化、自动化技术、机械制造等专业的教材，也可作为工业机器人培训教材，还可作为从事工业机器人技术研究、开发的工程技术人员的参考书。

图书在版编目(CIP)数据

工业机器人操作与编程 / 李婷婷，孟鑫，陈香香主编. --西安：西安交通大学出版社，2024.10. --(新一代信息技术与人工智能系列教材). -- ISBN 978-7-5693-0607-1

Ⅰ. TP242.2

中国国家版本馆 CIP 数据核字第 2024T4U076 号

书　　名	工业机器人操作与编程
主　　编	李婷婷　孟　鑫　陈香香
策划编辑	杨　瑶
责任编辑	杨　瑶
责任校对	李　文
出版发行	西安交通大学出版社 （西安市兴庆南路 1 号　邮政编码 710048）
网　　址	http://www.xjtupress.com
电　　话	(029)82668357　82667874(市场营销中心) (029)82668315(总编办)
传　　真	(029)82668280
印　　刷	西安五星印刷有限公司
开　　本	787 mm×1092 mm　1/16　印张 10.75　字数 230 千字
版次印次	2024 年 10 月第 1 版　2024 年 10 月第 1 次印刷
书　　号	ISBN 978-7-5693-0607-1
定　　价	58.00 元

如发现印装质量问题，请与本社市场营销中心联系。

订购热线：(029)82665248　(029)82667874
投稿热线：(029)82668804
读者信箱：phoe@qq.com

版权所有　侵权必究

前言

随着机械技术、电子技术、控制理论的飞速发展,工业机器人已在国民经济的各个领域得到了广泛应用,工业机器人已成为智能制造领域不可或缺的一类机电一体化产品。"中国制造2025"、德国"工业4.0"、日本"机器人新战略"等,均将"机器人产业"作为发展的重点,试图通过数字化、网络化、智能化抢夺制造业优势。

本书是活页式立体化新形态教材,采用项目驱动法组织内容,知识编排符合学生认知及学习规律,可培养学生的创新能力和实践能力。在任务选择上,以合作单位真实环境下的工作任务为基础,对接"1+X"职业技能等级证书标准,结合机器人系统集成技能大赛规程,整合相应技能点和知识链,实现了理论知识和实际工作的统一。

在华中数控和河南省机器人协会的支持下,我们联合多所兄弟院校及机器人竞赛组委会的专家成员,合作开发了这本有明显校企双元育人特征的工业机器人技术应用专业教材。与注重学科体系完备性的传统教材相比,本书具有以下三个特征。

1. 课岗赛标准融通。本书依据职业院校工业机器人技术应用专业机器人操作与编程课程标准,"1+X"工业机器人应用编程(初级)、工业机器人操作运维(中级)职业技能鉴定标准,嵌合机器人系统集成技能大赛规程,将"1+X"证书要求的6个工作领域、16个典型工作任务、60个技能点有机融入6个教学项目中,实现了课堂教学和职业岗位技能要求的有机融合。本书内容融合了工业机器人操作与编程的理论知识和行业发展的新技术、新工艺、新规范及新要求,不但适用于"1+X"证书考证培训,还可供职业院校开展教学和行业企业多方技能培训使用。

2. 工作过程导向。本书以工业机器人现场操作技术员岗位的工作过程为主线,以典型工作任务作为载体,将岗位需要的操作技能和专业知识重组,以工作过程导向的任务为引领,在"学做"的过程中,理解"为什么做",懂得"该怎么做""如何做得更好"。每个任务按行动导向开展,从"任务描述"环节入手,通过"任务分析"获取信息,制订工作步骤、决策实施的方法;依据决策计划,有目的地梳理专业知识和技术点,做好"任务准备";在决策步骤的指导下开展"任务实施";对照"任务评价",检验技能与知识的掌握情况,检验是否达到"1+X"职业技能考证标准。

3. 校企双师协同。本书由学校和企业双师协同开发,教材中的所有案例均源于企业的真实案例,其中的"工程经验""工程技巧"是优秀工业机器人现场操作工程师长期工作经验和技能的凝练,"易错点""关键点"是对从事工业机器人应用技术一线操作10年以上的能工巧匠对工作执着、对产品负责的态度、极度注重细节的工匠精神的再现。资深的工业机器人专任教师通过大量的企业实践和调研,提取典型工作任务,利用规范的工程算法逻辑和形象的控制流程图,将企业师傅口口相传的经验固定下来,结合"四新"要求帮助读者逐步养成清晰的程序思维习惯、严谨的工程逻辑和精益求精的职业追求。

本书结合当前应用广泛的华数Ⅲ型工业机器人,设计了6个典型的项目——初识工业机器人、工业机器人的基础操作、工业机器人搬运单元操作与编程、工业机器人斜面涂胶单元操作与编程、工业机器人码垛单元操作与编程、工业机器人自动装配工作站的设计和实现——兼顾了初学者和应用者,全书共包括19个任务。

本书项目1由赵霞、姬耀锋编写,项目2由马伊雯编写,项目3由陈香香编写,项目4、项目5由李婷婷编写,项目6由孟鑫编写,李伟莉、马璐璐、马朝华及常皓进行了全书案例的收集及改编。全书由李婷婷统稿,武汉华中数控有限公司李元培、陈培源及河南应用职业技术学院卢青波博士审读并修改部分稿件。

本书在编写过程中,得到了武汉华中数控有限公司、重庆华数机器人有限公司的鼎力支持,在此表示感谢。另外,本书还参阅了国内外有关机器人、数控技术、智能制造方面的教材与资料,在此对各作者一并表示感谢。

由于编者水平有限,书中难免存在不足之处,敬请读者批评指正。

编者

2024年6月

目录

项目1　初识工业机器人 …………………………………………………………………… 1

任务1　工业机器人发展认知 …………………………………………………………… 2
任务2　工业机器人应用基础知识 ……………………………………………………… 14
任务3　安全操作工业机器人 …………………………………………………………… 29

项目2　工业机器人的基础操作 ……………………………………………………… 40

任务1　认识示教器 HSpad ……………………………………………………………… 41
任务2　手动操作华数Ⅲ型工业机器人 ………………………………………………… 57
任务3　程序的创建及指令编辑 ………………………………………………………… 64
任务4　华数Ⅲ型工业机器人指令系统 ………………………………………………… 72

项目3　工业机器人搬运单元操作与编程 …………………………………………… 81

任务1　工业机器人工具坐标标定和验证 ……………………………………………… 82
任务2　工业机器人搬运单元示教编程 ………………………………………………… 86
任务3　工业机器人搬运程序调试及优化 ……………………………………………… 92

项目4　工业机器人斜面涂胶单元操作与编程 ……………………………………… 99

任务1　工业机器人工件坐标标定与验证 ……………………………………………… 100
任务2　工业机器人斜面涂胶单元示教编程 …………………………………………… 108
任务3　工业机器人斜面涂胶程序调试与优化 ………………………………………… 116

项目5　工业机器人码垛单元操作与编程 …………………………………………… 124

任务1　工业机器人编程思想进化 ……………………………………………………… 125

任务 2　工业机器人码垛单元程序设计…………………………………………… 129

　　任务 3　工业机器人码垛单元程序调试及优化…………………………………… 139

项目 6　工业机器人自动装配工作站………………………………………………… 145

　　任务 1　"1+X"设备平台认知……………………………………………………… 146

　　任务 2　工业机器人与 PLC 的通信………………………………………………… 152

　　任务 3　工业机器人自动装配工作站……………………………………………… 159

参考文献………………………………………………………………………………… 165

项目 1　初识工业机器人

项目描述

我国工业机器人市场占据全球约三分之一的份额,已然成为全球领先的工业机器人应用市场。H 机器人有限公司作为一家专注于研发工业机器人应用的高新技术企业,主营业务已覆盖机器人核心零部件、工业机器人定制及机器人自动化生产线的研发、制造、销售与服务。

为了推广最新研发成果、展示公司的技术服务实力及拓展业务领域,H 机器人有限公司会定期派遣专业团队参加各地的智能装备展览会。你作为该公司的学徒将随专业团队导师完成参展工作。导师将在布展准备、展览接待、论坛服务、现场操作等方面提出具体的要求。

思维导图

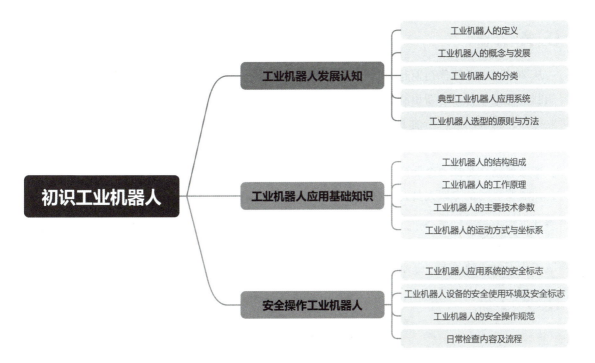

匠人匠语

随着科技的飞速发展，许多需要人类大量体力劳动的工作已逐渐被各种机器人所替代。当前，世界各国都在积极发展新的科技生产力，工业机器人行业已进入一个前所未有的高速发展期。是否了解工业机器人知识，具备娴熟的工业机器人应用技能，是衡量21世纪高素质装备人才的基本要素之一。作为新时代的青年，我们应该积极响应国家的号召，将个人发展与国家发展紧密结合起来，投身于机器人产业的创新实践中。

▶ 任务1 工业机器人发展认知

学习目标

(1) 能描述工业机器人的定义、概念及发展历程。

(2) 能阐述工业机器人的分类。

(3) 能依据应用场景与技术参数要求选择合适的工业机器人系统、型号及品牌。

(4) 能向参加展会的普通观众简述工业机器人技术的应用领域。

任务描述

从20世纪90年代初期起，我国制造业的生产方式向柔性化、智能化、精细化转变，构建以智能制造为根本特征的新型制造体系迫在眉睫，对工业机器人的需求大幅增长，越来越多新型工业机器人相继问世。当前工业机器人正通过单元或生产线集成的方式快速融入企业生产过程，为面向新时代的智能制造奠定坚实基础。

专业展览会是推动企业产品营销、促进行业内部交流及加强企业品牌形象的关键舞台。身为公司展览会场的专职人员，你须深入掌握工业机器人的精确定义及其未来发展趋势，能够清晰阐释市场上主流机器人品牌的特性以及它们在各行业的标杆应用实例。此外，你还应具备根据实际客户需求，精准匹配最适宜机器人种类与型号的能力。这些素养构成了从事机器人相关领域工作不可或缺的专业基础。

任务分析

一、工业机器人的定义

工业机器人(IR, industrial robot)作为机器人家族中的核心成员，目前在技术上已经发展得相对成熟,并且广泛应用于各个工业领域。现在,世界各国对工业机器人的定义不尽相同。国际标准化组织(International Organization for Standardization,ISO)对工业机器人的定义为:"是一种能自动控制、可重复编程,多功能、多自由度的操作机,能搬运材料、工件或操持工具来完成各种作业。"目前,国际上大多采用 ISO 的定义。

二、工业机器人的概念与发展

robot(机器人)一词源自捷克语 robota,意为"无偿劳动""强迫劳动"。工业机器人是机器人的一种,是面向工业领域的多关节机械手或多自由度的机器装置。它能自动执行工作,是靠自身动力和控制能力来实现各种功能的一种机器。它既可以接受人的指挥,又可以运行预先编排的程序,还可以根据由人工智能技术所制定的原则纲领行动,它的任务是协助或取代人类的工作。

1954 年,美国人乔治·德沃尔(George Devol)首次申请了工业机器人专利;1956 年,他和约瑟夫·恩格尔伯格(Joseph Engelberger)成立了 Unimation 公司;1959 年,他们发明了世界上第一台工业机器人 Unimate,如图 1-1 所示。这是一台可编程的机械手,能按照不同程序从事不同的工作,但其作业能力仅限于上、下料这类简单的工作。

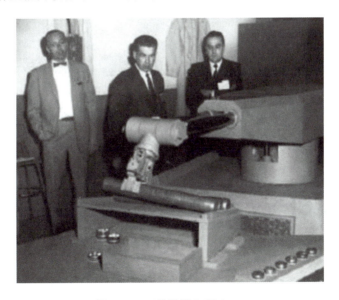

图 1-1 工业机器人 Unimate

到 20 世纪 80 年代,机器人产业得到了巨大的发展。为满足汽车行业蓬勃发展的需要,点焊机器人、弧焊机器人、喷涂机器人及搬运机器人这四大类型的工业机器人相继面世,有力地推动了制造业的发展。为进一步提高产品质量和市场竞争力,装配机器人及柔性装配线又相继开发成功。

如今，工业机器人已演化成为一个规模庞大的家族，并与数控技术（Computerized Numerical Control，CNC）、可编程逻辑控制器（PLC）共同构成了工业自动化的三大核心技术，在制造业的各个领域发挥着至关重要的作用。

工业机器人的发展及应用

三、工业机器人的分类

自20世纪60年代问世以来，机器人就在不断地更新换代，应用领域持续拓展，新的机型、新的功能不断涌现，所涵盖的内容也越来越多。

1. 按用途和功能分类

按照工业机器人的具体工作用途，可分为搬运机器人、喷涂机器人、焊接机器人、装配机器人，以及专门用途的机器人（医用护理机器人、航天用机器人、探海用机器人和排险作业机器人等），如图1-2所示。

(a)搬运机器人

(b)喷涂机器人

(c)焊接机器人

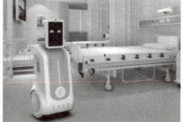

(d)装配机器人

(e)医用护理机器人

图1-2 不同用途的工业机器人

2. 按驱动方式分类

按驱动方式不同，工业机器人可分为液压式、气动式与电动式工业机器人。不同驱动方式的结构组成及优缺点见表1.1。

表1.1　不同驱动方式工业机器人的结构组成及优缺点

驱动方式	结构组成	优势	不足
液压式	由液动机、伺服阀、油泵、油箱等组成	抓举能力强、结构紧凑、动作平稳、耐冲击振动	对环境、制造精度及密封性要求高,容易泄漏液体造成环境污染
气压式	由气缸、气阀、气罐和空压机组成	气源获取方便、动作迅速、结构简单、造价较低、维修方便	工作的稳定性与定位精度不高,抓力较小,所以常用于负载较小的场合
电动式	由控制电机、减速机构、螺旋运动和多杆式机构等组成	电源获取方便、响应快、驱动力较大、控制更灵活	控制精度依赖减速机构、信号检测处理方法和机构的优化

3. 按机器人的结构特征分类

机器人的典型运动特征通过其坐标特征进行描述。按结构特征分类,工业机器人通常可以分为直角坐标机器人、柱面坐标机器人、球面坐标机器人(又称极坐标机器人)、多关节机器人及并联式机器人等。

(1)直角坐标机器人具有空间上相互垂直的多个直线移动轴,通常为3个轴,如图1-3所示。通过直角坐标方向的3个独立自由度确定其手部的空间位置,其动作空间为一长方体。

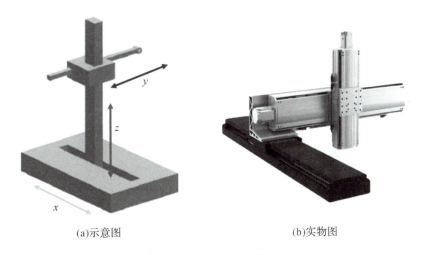

(a)示意图　　　　　　(b)实物图

图1-3　直角坐标机器人

(2)柱面坐标机器人主要由旋转基座、垂直移动轴和水平移动轴构成,具有一个回转和两个平移自由度,其动作空间呈圆柱形,如图1-4所示。Versatran机器人就是典型的柱面坐标机器人。

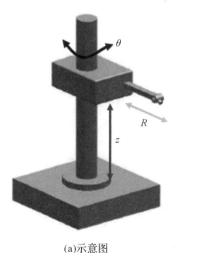 

(a)示意图　　　　　　　　　　　　　(b)实物图

图1-4　柱面坐标机器人

(3)球面坐标机器人又称为极坐标机器人,具有平移、旋转和摆动三个自由度,动作空间形成球面的一部分,如图1-5所示。其机械手能够做前后伸缩移动、在垂直平面上摆动及绕底座在水平面上转动。Unimate机器人就是这种类型的机器人。

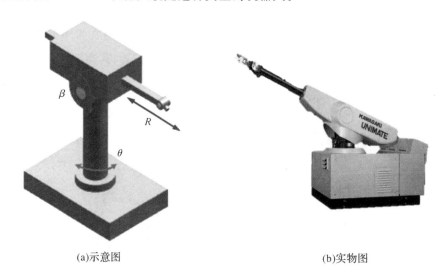

(a)示意图　　　　　　　　　　　　　(b)实物图

图1-5　球面坐标机器人

(4)多关节机器人由多个旋转和摆动机构组合而成,其结构紧凑,工作空间大,动作最接近人的动作,对涂装、装配、焊接等多种作业都有良好的适应性,应用范围广泛。多关节机器人的摆动方向主要有铅垂方向和水平方向两种,因此这类机器人又可分为垂直多关节机器人和水平多关节机器人。

①垂直多关节机器人如图1-6所示,它以各相邻运动构件的相对角位移作为坐标系,模拟了人类的手臂功能。这种机器人的动作空间近似一个球体,所能到达区域的形状取决于两个臂的长度比例,因此也称为多关节球面机器人。

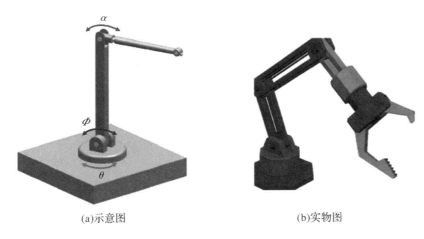

(a)示意图　　　　　　　　(b)实物图

图1-6　垂直多关节机器人

②水平多关节机器人具有两个串联配置的能够在水平面内旋转的手臂,其自由度可以根据用途选择2～4个,如图1-7所示,其动作空间为一圆柱体。

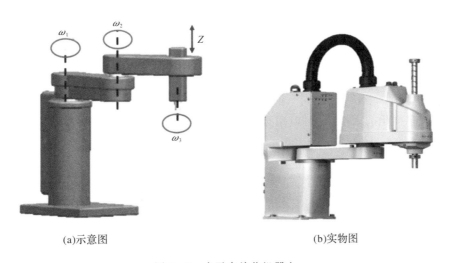

(a)示意图　　　　　　　　(b)实物图

图1-7　水平多关节机器人

(5)并联式机器人又称Delta机器人、"拳头"机器人或"蜘蛛手"机器人。与垂直多关节机器人和水平多关节机器人采用串联杆系机构不同,并联式机器人本体采用的是并联机构,其一个轴的运动并不改变另一个轴的坐标原点,所形成的工作空间为球面的一部分,如图1-8所示。

(a)示意图　　　　　　　　　　　　(b)实物图

图1-8　并联式机器人

4. 按控制方式分类

工业机器人的控制方式主要有4种,点位(point to point,PTP)控制、连续轨迹(continuous path,CP)控制、力矩控制、智能控制。

四、典型工业机器人应用系统

1. 工业机器人搬运应用系统

工业机器人搬运系统是以工业机器人为核心构建的一种自动化操作系统,旨在实现高效、精准的搬运作业。该系统广泛应用于机床上下料、冲压机自动化生产线、自动装配流水线、码垛、集装箱等自动搬运领域,如图1-9所示。专门用于搬运作业的机器人通常称为搬运机器人。通过安装多样化的末端执行器,搬运机器人能够灵活应对不同形状和状态的工件搬运任务,从而显著减轻了人类体力的负担。

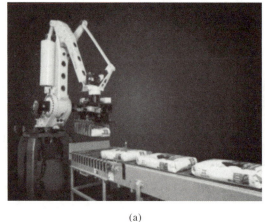 

(a)　　　　　　　　　　　　　　(b)

图1-9　工业机器人搬运应用系统

2. 工业机器人喷涂应用系统

工业机器人喷涂应用系统以喷涂机器人为核心设备,并配备自动喷漆或其他涂料喷涂系统,如图1-10所示。工业机器人喷涂应用系统具有高度的柔性、优质的喷涂质量、高效的材料利用率、快速的动作响应、出色的防爆性能,以及便捷的操作和维护流程,并且支持离线编程,极大地提升了生产效率。因而广泛应用于汽车、仪表、电器、陶瓷等各个工艺生产部门。

(a)

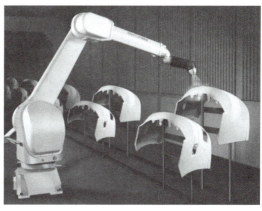
(b)

图1-10 工业机器人喷涂应用系统

3. 工业机器人装配应用系统

工业机器人装配应用系统是以柔性自动化装配机器人为核心构建的综合性系统,该系统集成了机器人操作机、精密控制器、专用末端执行器和先进的传感系统,如图1-11所示,在电器制造领域有着广泛的应用,涵盖家用电器(如电视机、洗衣机、电冰箱、吸尘器)的生产,以及小型电机、汽车及其零部件、计算机、玩具等的装配作业。

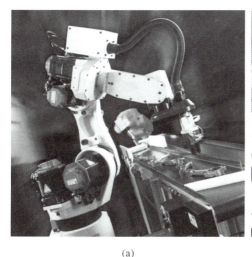
(a)

(b)

图1-11 工业机器人装配应用系统

4. 工业机器人焊接/切割应用系统

工业机器人焊接/切割应用系统主要由机器人本体和焊接/切割设备两大部分构成,如图1-12所示。该系统不仅继承了工业机器人的优势,能够自由、灵活地实现各种复杂三维曲线的加工轨迹,而且通过引入激光、等离子等先进工艺,进一步提升了焊接/切割的质量和精度。工业机器人焊接/切割应用系统能够在危险、恶劣的环境中稳定工作,具有成本低、生产效率高、灵活性好的特点,且其作业准确性和再现性远超人类,因此该系统在焊接应用领域得到了最广泛的应用。通过精准的控制和高效的加工能力,工业机器人焊接/切割应用系统为现代制造业的发展注入了强大的动力。

(a)　　　　　　　　　　　　(b)

图1-12　工业机器人焊接/切割应用系统

五、工业机器人选型的原则与方法

工业机器人不仅替代了传统的人工劳动,而且作为可编程、高度柔性、开放的加工单元,被集成于先进的制造系统中。它特别适合多品种、大批量的柔性生产模式,显著提升了产品的稳定性和一致性,在优化生产效率与产品质量的同时,加速了产品的更新换代进程。因此,选择合适的工业机器人对于提升制造业的自动化水平、增强企业的整体竞争力具有举足轻重的作用。

在选择工业机器人型号时,不仅要关注其技术参数,还应遵循以下原则:

(1)专业技术参数与应用工艺相适应。选用的工业机器人的承载能力、重复定位精度等专业技术参数应适应应用场合和工艺需要。

(2)保障设备可靠性与产品质量。工业机器人设备的可靠性由固有可靠性和使用可靠性构成。其中固有可靠性是指该设备由设计、制造、安装到试运转完毕,整个过程所具有的可靠性,是先天性的可靠性。工业机器人的可靠性是保证产品生产效率和质量的关键,选用时应重点关注。

(3)容易操作与技术服务的支撑。工业机器人的结构组成比较复杂,各系统的操作界面和难易程度不同,因此在选型时应考察在操作、示教、编程过程中,是否容易学习,编程系统是否采用高级语言。同时也应该重点考虑设备厂商是否提供售前、售后的技术辅助支持。

(4)维保体系成熟与配件标准化的维保。工业机器人,尤其是国外品牌的机器人,其维修备件常出现供应渠道不畅、供应周期长、价格昂贵等问题,因此在选择机器人时特别要关注品牌的服务网络是否健全、服务体系是否完善、能否及时维保等。

(5)环保与安全。部分工业机器人产品存在漏油、漏水、漏气的现象,这既污染环境、造成浪费,还会带来系统安全隐患,在选择时要注意避免,兼顾到环保和安全。市场占有率高的产品,其结构和工艺基本上经过考验,相对比较成熟,质量更有保障。

知识卡片

常见工业机器人的品牌

在全球工业机器人领域,众多知名品牌竞相崭露头角,并呈现出持续增长的态势。在我国,发那科(FANUC)、安川、库卡和ABB这四大国际巨头凭借其强大的技术实力和市场份额,成为行业的领军者。

与此同时,我国自主品牌机器人也在不断崛起,如华数、埃斯顿、埃夫特、广州数控、新时达等,他们通过自主研发或外延并购等方式,逐步掌握了零部件和本体的研发技术,提升了产品的性能和质量。这些国产机器人品牌已经具备一定的竞争力,并在国内外市场上获得了广泛的认可。

值得一提的是,中国在工业机器人领域的研发投入力度正不断加大。随着技术的不断进步和市场的不断拓展,我国自主品牌机器人将在未来取得更加辉煌的成就,为制造业的转型升级和高质量发展做出更大的贡献。

任务实施

制造装备展会是集产品推广、技术展示、企业宣传及人才培养于一体的综合性平台,具有较高的专业性和广泛的影响力,如图1-13所示。此类展会通常由市场宣传部、工程设计部及现场技术人员共同协作,以确保活动的顺利进行。展会活动涉及机器人装备的现场操作展示、产品推介论坛、装备自动化升级方案定制等3部分内容。

图1-13 制造装备展会

1. 展会布置

布展前的准备工作极为关键,涵盖场地及文化宣传的精心布置、机器人工作站的组装与调试,以及参展资料的整理与交接等多个环节。

(1)细致整理企业宣传资料,与市场部紧密配合,按照布展效果的要求进行分类放置,确保信息的准确传达与视觉效果的最佳呈现。

(2)搬运并逐一清点设备,与工程设计部协同作业,确保设备的稳定运行与高效调试。

(3)深入学习展会的具体要求,协助项目组完成环境的清洁工作及展会相关证件资料的准备,为展会的顺利举办奠定坚实基础。

2. 展会现场接待

专业且真诚的现场接待工作对于提升观众和参展商对公司产品的满意度至关重要,进而影响着客户对公司技术服务能力的评价。现场接待的主要任务包括来访登记、资料收集,以及根据观众需求甄别接待类别。展会要求有序组织工程设计部、市场部等专业人员接待专业观众,确保他们能够获得深入、详尽的产品与技术信息。同时,主动向普通观众普及工业机器人技术的基本知识,提升他们对产品的认知与兴趣。在接待过程中,需要注重操作要点的把握,确保接待工作的专业性和高效性。

展会现场接待操作要点如下:

(1)统一穿着工装,以展现公司的整体风貌与职业素养。

(2)在接待观众时,应展现出礼貌与真诚的态度,主动询问并协助他们完成来访登记。同时,明确每位观众的接待类别,根据分类安排专业的接待人员,确保能够为观众提供精准且个性化的服务。

(3)针对普通观众,以脱稿的方式深入讲解工业机器人的技术应用。讲解内容涵盖工业机器人的定义、发展历程、应用领域与种类等方面。此外,重点介绍公司目前展示的机器人的应用场景,以及与同类产品相比的显著优势,以便观众能够更全面地了解产品的特点与价值。

(4)在演示机器人工作站的展示项目时,与工程设计师紧密配合,确保演示过程的专业性与流畅性。通过实际操作,使观众直观地感受到工业机器人的高效与精准操作,从而加深对产品的理解与认可。

(5)与市场部销售人员紧密合作,共同向观众介绍产品的特点、优势及应用场景。通过专业的讲解与展示,吸引更多潜在客户的关注,并为公司创造更多的商业机会。

3. 撤展处理准备

撤展是指展览闭幕后展品、展具的处理工作,主要包括展品处理、展台拆除、展具撤出、现场清洁等环节。只有提前做好计划,才能准时、快速地完成撤展任务。

撤展具体工作内容如下:

(1)拆除、清点设备,配合工程设计部完成设备的打包装箱。

(2)移除、整理企业宣传资料,配合市场部有序、按时撤展。

(3)清运展会废弃材料。配合市场部、工程设计部完成展品的装车搬运。

任务评价

完成本任务的操作后,请按照表1.2检查自己是否学会了考取证书必须掌握的内容。

表1.2 任务评价表

序号	鉴定评分标准	是/否	备注
1	正确穿着工装,佩戴电工手套与安全帽		
2	能够根据客户需求,正确选定其所需的工业机器人应用系统		
3	能讲解工业机器人的定义、发展历程、分类与应用领域		
4	能详述不同工业机器人产品的特点、优势及应用场景		
5	能配合工程设计师完成项目演示		

任务训练

(1)结合企业实地走访和文献研究,了解并简述什么是工业机器人、我国工业机器人的发展现状及为什么要大力发展工业机器人。

（2）在工业机器人展销会上，某汽车零部件机械加工企业的技术主管有计划升级其机械加工设备。作为展会的专业讲解员，请结合你对机器人分类、应用和选型原则的认识提供一份专业讲解。

注意事项

在学习工业机器人分类时，应明晰不同结构工业机器人的执行方式。

任务 2　工业机器人应用基础知识

学习目标

（1）理解工业机器人的工作原理及运动方式。

（2）能描述工业机器人的机械结构及系统组成。

（3）能识别不同型号工业机器人的主要技术参数及结构组成。

（4）会用严谨的术语向专业观众介绍华数机器人的型号、结构及特点。

任务描述

为充分满足不同领域和不同层次参会人员的需求，H 机器人有限公司受邀参加了某专业技术论坛，为专业观众介绍工业机器人应用技术的最新发展及典型案例。为彰显公司的整体技术实力，作为现场工作人员，你不但要系统掌握工业机器人产品的结构组成、工作原理、主要技术参数、运动方式与坐标系等理论知识，还必须能够结合客户的需求向其介绍不同型号产品。这是学徒出师和考取工业机器人操作与运维、工业机器人应用编程等证书的必备理论知识与技能要求。

任务分析

一、工业机器人的结构组成

工业机器人是一种模拟人手臂、手腕和手功能的机电一体化装置。一台通用的工业机器人系统一般由 3 个部分（机械部分、传感部分和控制部分）和 6 个子系统（驱动系统、机械结构系统、感受系统、人机交互系统、机器人-环境交互系统和控制系统）组成，如图 1-14 所示。

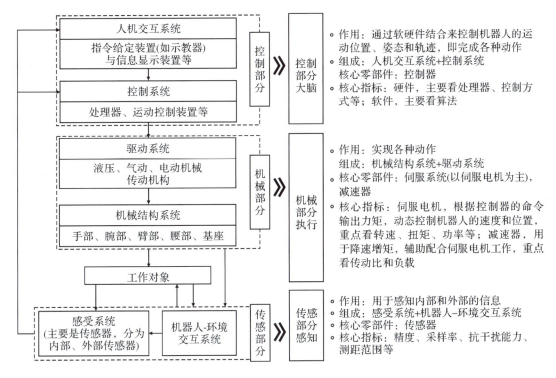

图1-14 工业机器人系统组成

华数机器人主要包括机器人本体、机器人电气控制柜、机器人示教器三大组成部分,如图1-15所示。机器人控制器一般安装于机器人电气控制柜内部,控制机器人的伺服驱动器、输入/输出等主要执行设备;机器人示教器一般通过电缆连接到机器人电气控制柜上,作为上位机通过以太网与控制器进行通信。

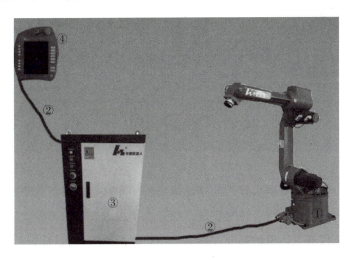

①—机器人本体;②—电缆;③—机器人电气控制柜;④—机器人示教器。

图1-15 华数机器人

1. 机械部分

机械部分包括工业机器人本体(图 1-16)及其驱动系统。机器人本体又称为操作机或工业机器人执行机构系统,是机器人的主要承载体。它由关节和一系列连杆组成,包括臂部、腕部、手部、机身、末端执行器等,有的机器人还有行走机构。大多数工业机器人有 3~6 个运动自由度,其中腕部通常有 1~3 个运动自由度,如图 1-17 所示。

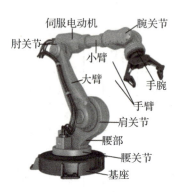

图 1-16 华数机器人本体

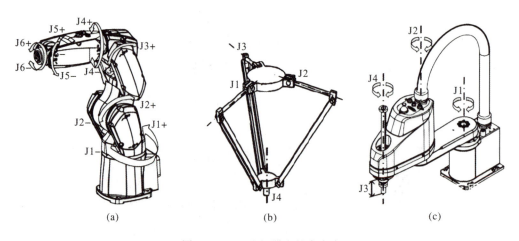

图 1-17 工业机器人的自由度

2. 控制部分

控制系统的核心职责是依据机器人的作业指令程序和从传感器获取的反馈信号,精准指挥机器人的执行机构完成预设动作。控制系统不仅是决定机器人功能与性能的关键因素,而且是机器人技术中更新迭代最为迅速的部分。依据控制原理的不同,控制系统可细分为程序控制系统、适应性控制系统和人工智能控制系统。工业机器人控制系统如图 1-18 所示。常见工业机器人控制柜如图 1-19 所示。

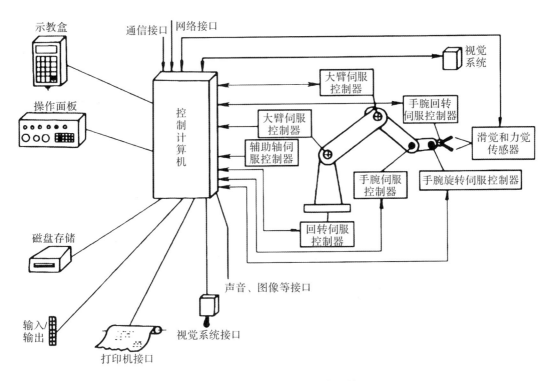

图 1-18 工业机器人控制系统

图 1-19 常见工业机器人控制柜

3. 传感部分

传感部分通常由内部传感器模块和外部传感器模块组成,人类的感受系统对外部世界信息的感知是极其灵巧的,然而,对于一些特殊的信息,传感器比人类的感受系统更有效率。传感器是用来检测作业对象及外界环境的,在工业机器人上安装各类传感器,可以帮助机器人工作,获取内部和外部环境中有意义的信息。智能传感器的使用提高了机器人的机动性、适应性和智能化。常见传感器如图 1-20 所示。

(a)触觉传感器　　　　　　　　(b)视觉传感器

(c)听觉传感器　　　　　　　　(d)接近传感器

图 1-20　常见传感器

4.6 大子系统

(1)驱动系统。要使机器人运行起来,就需给各个关节(即每个运动自由度)安置传动装置,这就是驱动系统。驱动系统可以是液压传动、气动传动、电动传动,或者把它们结合起来应用的综合系统;可以直接驱动或者通过同步带、链条、轮系、谐波齿轮等机械传动机构进行间接驱动。

(2)机械结构系统。机械结构系统是完成各种运动的机械部件,由骨骼(杆件)和连接它们的关节(运动副)构成,具有多个自由度,主要包括手部、腕部、臂部、机身等部件。

不同结构机器人的运动方式

(3)控制系统。控制系统可根据机器人的作业指令程序及从传感器反馈回来的信号,支配机器人的执行机构去完成规定的运动和功能。

(4)感受系统。在工业机器人中配置的传感器组成其感受系统。其中,内部传感器中的位置传感器和速度传感器,已成为当今机器人反馈控制中不可缺少的元件;而外部传感器的作用是检测作业对象及环境或机器人与它们的关系。在机器人上安装触觉传感器、视觉传感器、力觉传感器、接近传感器、超声波传感器和听觉传感器等,可以大大改善机器人的工作状况,使其能够更充分地完成复杂的工作。

(5)人机交互系统。人机交互系统是工业机器人的重要组成部分,人类通过接触交互来感知机器系统的信息并进行操作。

(6)机器人-环境交互系统。除机械部分、传感部分、控制部分外,工业机器人的作业能力还决定于与外部环境的联系和配合,即工业机器人与环境的交互能力。工业机器人与外部环境的交互包括硬件环境和软件环境。

二、工业机器人的工作原理

机器人工作原理的核心在于模拟人类的肢体运动、思维模式及控制决策能力。从控制技术的角度出发,机器人实现这一目标的途径主要包括示教再现、可编程控制、遥控及自主控制四种方式。

其中,工业机器人的基本工作原理以示教再现为主。示教,即导引过程,通过操作者直接手动引导或通过示教盒来指导机器人,按照实际任务需求逐步进行操作。在导引过程中,机器人会自动记忆每个动作的位置、姿态以及运动参数(工艺参数)等重要信息,并将其存储起来,进而生成一个能够连续执行全部操作的程序。整个示教再现流程包括示教、存储、再现和操作四个关键步骤。完成示教后,仅需向机器人发出启动指令,机器人便能精确地按照示教动作,逐步完成全部预设操作,其工作原理如图1-21所示。

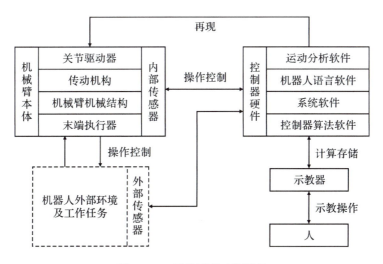

图1-21 示教再现工作原理

三、工业机器人的主要技术参数

由于机器人的结构、用途和要求不同,机器人的性能也有所不同。常见机器人主要的技术参数有自由度、工作空间、工作载荷、工作速度、控制方式、重复精度和分辨率、驱动方式及精度等,如表1.3所示。

表1.3　HSR－JR612工业机器人技术参数表

项　　目		参　　数
工业机器人		HSR－JR612
自由度		6
额定负载		12 kg
最大工作半径		1555 mm
重复定位精度		±0.06 mm
运动范围	J1	+168°
	J2	－170°/+75°
	J3	+40°/+265°
	J4	±180°
	J5	±108°
	J6	±360°
额定速度	J1	148(°)/s,2.58 rad/s
	J2	148(°)/s,2.58 rad/s
	J3	148(°)/s,2.58 rad/s
	J4	360(°)/s,6.28 rad/s
	J5	225(°)/s,3.93 rad/s
	J6	360(°)/s,6.28 rad/s
最高速度	J1	197(°)/s,3.44 rad/s
	J2	197(°)/s,3.44 rad/s
	J3	197(°)/s,3.44 rad/s

续表

项　　目		参　　数
最高速度	J4	600(°)/s,10.47 rad/s
	J5	375(°)/s,6.54 rad/s
	J6	600(°)/s,10.47 rad/s

1. 自由度

机器人机构能够独立运动的关节数目,称为机器人机构的运动自由度,简称自由度(degree of freedom,DOF),反映机器人动作的灵活性,可用轴的直线移动、摆动或旋转动作的数目来表示。

目前工业机器人采用的控制方法是把机械臂上每一个关节都当作一个单独的伺服机构,即每个轴对应一个伺服器,所有伺服器都通过总线控制,由控制器统一控制并协调工作。六轴关节型机器人在现代工业中应用最为广泛,其自由度如图1-22所示。

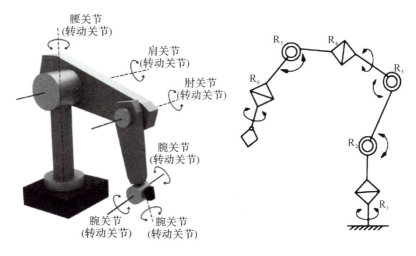

图1-22　六轴关节型机器人的自由度

2. 工作空间

机器人的工作空间(working space)是指机器人手臂或手部安装点所能达到的空间区域,不包括手部本身所能达到的区域。机器人所具有的自由度数目及其组合不同,则其工作空间不同;在操作工业机器人时,自由度的变化量(即直线运动的距离和回转角度的大小)决定着工作空间的大小。工作空间的形状和大小是十分重要的,机器人在执行某作业时可能会因为存在手部不能到达的作业死区而不能完成任务。HSR-JR612工业机器人的工作空间如图1-23所示。

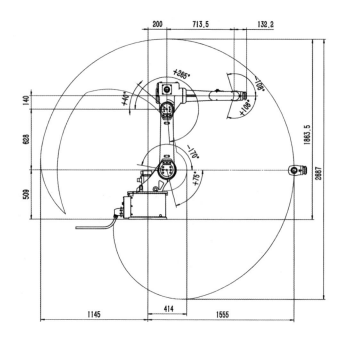

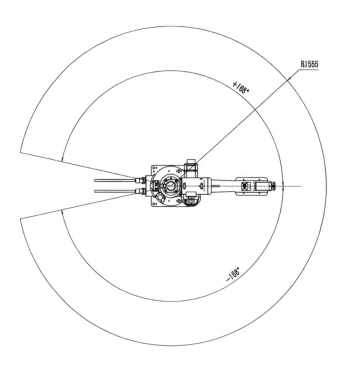

图 1-23　HSR-JR612 工业机器人的工作空间(单位：mm)

3. 工作载荷

工作载荷也称承载能力,是指机器人在作业范围内的任何位姿上所能承受的最大重量。承载能力不仅取决于负载的重量,而且与机器人运行的速度和加速度的大小与方向有关。

4. 工作速度

工作速度是指机器人在工作负载条件下,匀速运动过程中,机械接口中心或工具中心点在单位时间内所移动的距离或转动的角度。工作速度影响机器人的工作效率和运动周期,它与机器人所提取的重力和位置精度均有密切的关系。运动速度提高,机器人所承受的动载荷增大,必将承受着加减速时较大的惯性力,从而影响机器人的工作平稳性和位置精度。

5. 控制方式

机器人控制轴的方式主要分为伺服控制和非伺服控制两大类。在伺服控制中,系统需持续监测与机器人各关节相关的位置和速度等关键物理量信息,并将这些实时数据反馈至相应的控制系统,以确保机器人运动的精确性和稳定性。这种控制方式对于实现高精度、高速度及复杂轨迹的机器人运动至关重要。

6. 分辨率

分辨率是指机器人每个关节所能实现的最小移动距离或最小转动角度。工业机器人的分辨率分编程分辨率和控制分辨率两种。

(1)编程分辨率:控制程序中可以设定的最小距离,又称基准分辨率。若机器人某关节电动机转动 0.1°,机器人关节端点移动距离为 0.01 mm,其基准分辨率即为 0.01 mm。

(2)控制分辨率:系统位置反馈回路所能检测到的最小位移,即与机器人关节电动机同轴安装的编码盘发出单个脉冲时电动机转过的角度。

7. 定位精度和重复定位精度

定位精度和重复定位精度是机器人的两个精度指标。

(1)定位精度是指机器人末端执行器的实际位置与目标位置之间的偏差,由机械误差、控制算法和系统分辨率等部分构成。

(2)重复定位精度是指在同一环境、同一条件、同一目标动作、同一命令之下,机器人连续重复运动若干次时,其位置的分散情况,是关于精度的统计数据。因重复定位精度不受工作载荷变化的影响,故通常用重复定位精度作为衡量示教器性能、再现工业机器人控制精度水平的重要指标。精度、重复精度和分辨率的关系如图 1-24 所示。

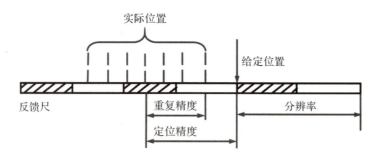

图 1-24 机器人的精度

四、工业机器人的运动方式与坐标系

六轴关节机器人由六个可活动的关节（轴）构成，其结构功能与人体的手臂颇为相似，具有动作灵活与结构紧凑等特点，因此在实际应用中极为广泛。

工业机器人的坐标系是机器人在其应用空间上，为确定位置和姿态而引入的坐标系统，分为直角坐标系（笛卡儿坐标系）和关节坐标系。工业机器人的运动就是根据用户的要求，保证末端执行器以不同空间姿态达到工作空间。工业机器人常用的坐标系主要包括基坐标系、关节坐标系、工件坐标系和工具坐标系等，如图 1-25 所示。

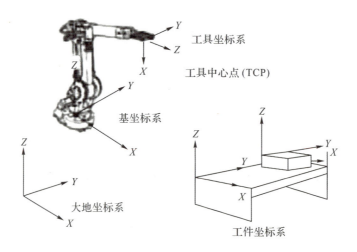

图 1-25 工业机器人常用坐标系

笛卡儿直角坐标系（图 1-26）是机器人应用系统中用于全面确定各关节位置与姿态的基础坐标系，它与其他坐标系之间能够进行矢量变换。

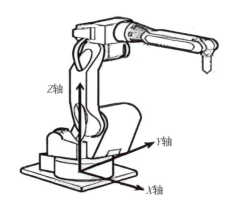

图 1-26 机器人默认直角坐标系

过定点 O，作三条互相垂直的数轴，它们都以 O 为原点且一般具有相同的长度单位。这三条轴分别叫作 X 轴（横轴）、Y 轴（纵轴）、Z 轴（竖轴），统称坐标轴。通常把 X 轴和 Y 轴配置在水平面上，而 Z 轴则是铅垂线，它们的正方向符合右手定则，如图 1-27 所示，由此构成了一个标准的笛卡儿直角坐标系。

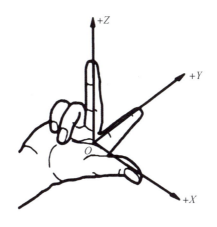

图 1-27 右手定则

1. 基坐标系

基坐标系是其他坐标系的参照基础，是机器人示教与编程时经常使用的坐标系之一，它的原点位置没有硬性的规定，一般定义在机器人安装面与第一转动轴的交点处。HSR 工业机器人控制系统采用标准 D-H 法[①]定义机器人直角坐标系，即以 1 号与 2 号关节轴线的公垂线在 1 号轴线上的交点为基坐标系原点，如图 1-28 所示。

---

① D-H 法是 Denavit 和 Hartenberg 在 1955 年提出的一种通用方法。这种方法在机器人的每个连杆上都固定一个坐标系，然后用 4×4 的齐次变换矩阵来描述相邻的连杆的空间关系。

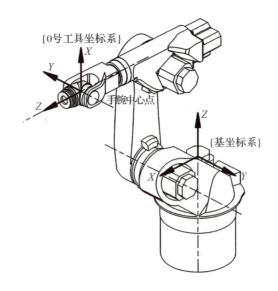

图 1-28 基坐标系

2. 关节坐标系

关节坐标系使用的坐标(J1、J2、J3、J4、J5、J6)由机器人的 6 个关节位置角度组成。6 个关节相对关节零点偏移的角度值所构成的坐标系即关节坐标系,如图 1-29 所示。

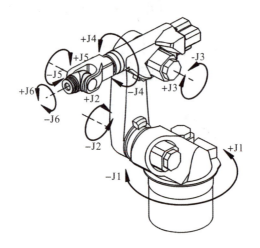

图 1-29 关节坐标系

3. 工件坐标系

工件坐标系即用户自定义的坐标系,是将基坐标系的轴向坐标偏转一定角度得来的,如图 1-30 所示。可根据需要定义多个工件坐标系,当配备多个工作台时,选择工件坐标系操作更为简单。

项目1　初识工业机器人

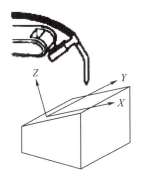
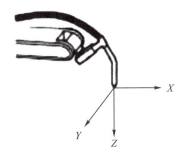

图1-30　工件坐标系　　　　　图1-31　工具坐标系

4. 工具坐标系

工具坐标系的原点在机器人末端的工具中心点(tool center point,TCP),如图1-31所示,其原点及方向随着末端位置与角度而不断变化。默认工具(TOOL0)的工具中心点位于机器人4、5、6号轴线的交点,如图1-28所示。该坐标系实际是由基坐标系通过旋转及位移变化而来的。

工具坐标系的移动以工具的有效方向为基准,与机器人的位姿无关,所以进行相对于工件不改变工具姿态的平行移动操作时最为适宜。

任务实施

行业发展和专业技术论坛由专题分享和互动交流两个环节组成,这两个环节相互补充,共同构建了一个全面、深入的交流平台。在专题分享环节中,需要结合行业前沿,介绍并主推先进产品的前沿技术应用和使用性能。互动交流环节是了解客户需要,展示公司综合实力的高效途径,需要企业的现场工作人员具备扎实的专业素养和技术水平,做好充分的资料准备和翔实的需求登记。

1. 论坛资料准备

论坛准备工作包括场地布置,演示文稿、公司宣传资料等的准备,客户资料整理等。
(1)整理企业宣传资料,配合市场部,按照论坛要求布置会场。
(2)播放主题宣传演示文稿及视频资料,配合工程设计部论坛发言人完成汇报发言前的准备。
(3)做好现场记录准备。

2. 论坛现场记录及引导

论坛分享及答疑能反映出公司综合技术服务能力。工作人员在论坛现场的主要工作有礼仪接待、现场记录、来访登记及资料收集、答疑导引。操作要点如下：

(1) 统一穿着工装，注意接待礼仪，派发公司资料及名片。

(2) 解答观众疑问，做好现场记录及影像拍摄。

(3) 脱稿介绍工业机器人的主要型号及参数。讲解内容应围绕工业机器人主要技术参数、机器人工作原理、工业机器人的主要型号与典型应用。

(4) 记录并整理论坛客户资料，安排展后回访计划。

任务评价

完成本任务的操作后，请按照表1.4检查自己是否学会了考证必须掌握的内容。

表1.4 任务评价表

序号	鉴定评分标准	是/否	备注
1	正确穿着工装，佩戴电工手套与安全帽		
2	能够正确解答观众对于工业机器人工作原理与组成系统的相关疑问		
3	能讲解工业机器人技术参数（如自由度、工作空间、工作速度、工作载荷、控制方式、驱动方式及精度、重复精度和分辨率等）的具体含义		
4	能详述工业机器人的运动方式与不同坐标系的含义		
5	能清晰记录论坛客户技术需求		

(1) 请结合工业机器人的系统组成描述工业机器人的工作原理和运动方式。

(2) 公司拟新购置一台 HSR-JR612 型工业机器人。作为设备技术员，请你根据该产品的技术资料设计该机器人产品的验货清单，内容应包括机器人的结构组成及主要技术参数性能说明。

注意事项

对于工业机器人的系统组成、工作原理、运动方式及技术参数的学习，需要对其有准确的理解和应用，以形成更为专业且深入的认识。

任务 3　安全操作工业机器人

学习目标

(1) 能识读工业机器人应用系统的安全标志。
(2) 理解工业机器人的安全操作规范。
(3) 会规范检查工业机器人应用系统的安全防护及常规点检。

任务描述

工业机器人系统组成复杂、动作范围大、操作速度快、自由度大,其核心运动部件,尤其是手臂与手腕部分,蕴含了强大的能量,因此潜在的危险性不容忽视。为确保操作安全,操作者必须深入了解工业机器人系统的安全使用条件,识别安全标志,遵循安全操作规范,并熟知相关注意事项。此外,还须通过专项认证,方具备操作工业机器人的资格。

H 机器人有限公司专注于机器人相关设备的集成开发,对产品安全与员工操作安全有着极为严格的要求。作为公司的机器人现场调试员,你肩负着对公司研发的工业机器人设备进行详尽安全防护检查的重要职责。你须每日执行常规点检,并详细登记,以确保设备的稳定与安全。同时,你还需为来访客户提供优质的参观体验,展现公司产品的专业性与安全性。

任务分析

近年来,随着工业机器人的多样化发展,其功能日益拓展,性能不断提升,应用领域已从传统的制造业扩展至非制造业、医疗、服务等多个领域。因此,对工业机器人安全操作和防护要求的重要性愈发凸显。

我国的工业机器人研制开发工作始于 20 世纪 70 年代。为防止各类事故,避免人身伤害,在研制机器人产品的同时,也立项制定工业机器人安全标准。目前,我国正在实施的安全标准(GB 11291.1—2011,GB 11291.2—2013)参照采用了国际标准化组织 ISO 10218.1:2006 和 ISO 10218.2:2011 的版本,并在内容上有所增加,首次提出了安全分析和风险评价的概念,以及机器人系统的安全设计和防护措施。

一、工业机器人应用系统的安全标志

安全标志是由安全色、几何图形和图形符号构成的,用以表达特定安全信

安全标志

息的标记。安全标志的作用是引起人们对不安全因素的注意,预防发生事故。安全标志分为禁止标志、警告标志、指令标志和提示标志 4 类。

(1)禁止标志是不准或制止工人的某些行动的图形标志。禁止标志的几何图形是带斜杠的圆环,其中圆环与斜杠相连,用红色;图形符号用黑色,背景用白色,如图 1-32 所示。

图 1-32　禁止标志

(2)警示标志是提醒人们可能发生危险的图形标志。警示标志的几何图形是黑色的正三角形边框,图形符号用黑色,背景用黄色,如图 1-33 所示。

图 1-33　警示标志

(3)指令标志是强制人们必须做出某种行为或动作的图形标志。指令标志的几何图形是蓝色或黑色矩形边框,图形符号用白色,背景用蓝色,如图 1-34 所示。

图 1-34　指令标志

(4)提示标志是示意目标的方向的图形标志。提示标志的几何图形是绿色矩形边框,图形符号用白色,背景用绿色,如图 1-35 所示。

图 1-35 提示标志

操作工业机器人时,一定要注意相关的安全标志,并严格按照指示执行,确保操作人员和机器人本体的安全,并逐步提高安全防范意识和生产效率。

二、工业机器人设备的安全使用环境及安全标志

工业机器人设备的所有铭牌、说明、图标和标记都与机器人系统的安全有关,如图 1-36 所示,不允许更改或去除。由于技术参数不同,不同的工业机器人设备使用环境及安全标志也有些许区别。一般,工业机器人设备工作不适用于燃烧、有爆炸可能、存在无线电干扰、水或者其他液体等环境中。

机械限位　　　　储能　　　　不得拆卸　　　　控制柜的安装空间

制动闸释放　　按要求定期注机油　　拆卸前请参阅说明书　　旋转更大

图 1-36 相关标记

三、工业机器人的安全操作规范

工业机器人系统的安全操作规程是操作员在操作机器人系统设备和调整仪器仪表时必须遵守的规章和程序。从事机器人安装、操作、保养等的人员,需熟知机器人的相关安全操作知识,必须遵守运行期间安全第一的原则。进入机器人工作区域,必须按下控制柜或示教器急停按钮,悬挂相应工作警示牌,关好相应防护栏安全门,方可进行相应机器人作业。

1. 操作前安全准备

(1)操作人身安全。操作人员在操作前应穿戴好安全帽和安全工作服,防止被工业机器人系统零部件尖角或末端工具动作划伤。同时对操作人员做出以下要求:①勿戴手套操作示教器;②必须熟知该机器人的机械、电气性能,熟悉 HSpad 示教器的使用和操作注意事项;③必须经过机器人操作专业培训,合格后方可操作。

(2)操作环境安全。工业机器人系统操作危险环境应设置"严禁烟火""高电压""危险""无关人员禁止入内""远离作业区"等安全标志,防止人员在工业机器人工作场所周围做出危险行为,接触机器人或周边机械,造成人员伤害。同时,确保机器人周围区域清洁,控制柜离墙面及固定物具有足够的散热、维修空间,无油、水及杂质等。应设置安全保护光栅,在地面上铺设光电开关或垫片开关,以便当操作人员进入机器人工作范围内时,机器人发出警报或鸣笛并停止工作,确保安全。

(3)操作设备安全。检查各部件(电器、机械)是否正常,查看控制柜和本体铭牌的出厂编号是否一致,确认示教器与控制柜及本体与控制柜的线缆连接正确、正常,确保控制柜的供电电源及配线正确。

工业机器人安全
操作须知

(4)操作人员应知应会。操作人员必须知道所有会引起机器人移动的开关、传感器和控制信号的位置和状态,必须知道机器人控制器和外围控制设备上的紧急停止按钮的位置,以备紧急情况下停止机器人运行。

2. 机器人示教器安全使用

工业机器人安全
操作须知(实践)

示教器是工业机器人控制器的大脑,应定期使用软布蘸少量水或中性清洁剂清洁触摸屏,盖上 USB 端口的保护盖。小心搬运,切勿摔打、抛掷或用力撞击。使用前要验证并确认其安全(使动和紧急停止)装置是否正常工作。使用和存放示教器时,始终要确保电缆不会将人绊倒,严禁踩踏示教器电缆。操作示教器过程中,应使用手指或触控笔操作触摸屏,不得使用锋利的物体(如螺丝刀或笔尖)操作触摸屏。手动模式下操作机器人时,要采用较低的修调速度以增加对机器人的控制机会。手动低速操作机器人各轴(以 5% 的速度运行),确认各轴零点、旋转方向及软限位是否正常。在按下示教器上的点动按键之前,要考虑到机器人的运动趋势。使用中,如遇故障,必须停电进行故障排除,严禁自行拆解维修,应及时通知相关调试人员。

3. 操作中安全规范

通电中,禁止未接受培训的人员触摸机器人控制柜和示教编程器。

⚠ 否则,机器人会发生意想不到的动作,造成人员伤害或者设备损害。

(1)设置工业机器人安全保护区域,并设置"远离作业区"等指示牌。备用工具及类似的器材应摆放在防护栏以外,散乱的工具不要遗留在机器人或电控柜周围。

(2)始终带好示教器,防止其他人员误操作。自动运行程序前,必须确认机器人零位与各程序点正确,以低速(5%的速度)手动单步运行到程序末点,确认程序运行无误后,方可进入自动模式。

(3)预测机器人的动作轨迹及操作位置,保证人、物与工业机器人保持足够的安全距离。自动运行程序前,必须知道机器人所执行程序的整个流程及动作。

(4)永远不要认为机器人没有移动就说明其程序已经执行完毕,此时机器人很有可能是在等待使其继续移动的输入信号。因此必须知道机器人控制器和外围控制设备上紧急停止按钮的位置,以备紧急情况下停止机器人运行。

(5)文明规范操作,不要强制搬动、悬吊、骑坐在机器人本体上,不要倚靠在工业机器人或控制柜上。

⚠ 不要随意按动开关或按钮,防止机器人产生意想不到的动作,造成人员伤害或设备损害。

(6)带载运行时,应确保安装负载后不超过机械操作维护手册中规定的手腕部分负荷允许值,并确保安装螺钉全部安装到位,方可运行机器人。

4. 关闭机器人

(1)停止运行中的机器人,务必先暂停或停止运行程序,特别注意,若机器人停止时刚好处于外围设备范围内或离外围设备较近时,务必低速手动运行机器人至安全区域,严禁直接自动运行程序或点击自动移动至零点操作。

(2)关闭机器人使能,切换至手动模式下,确保机器人手动安全运行至安全区域,按下示教器上的暂停或停止按键,再按下控制柜或示教器急停按钮。

(3)将电源开关置于"OFF"状态,并将上一级配电断路器断开,设置相应防护措施,防止相应断路器误接通。

四、日常检查内容及流程

工业机器人的保养维护在企业生产中十分重要。按时、正确的维护保养能延长机器人的使用寿命,确保系统安全,大大减少工业机器人的故障率和停机时间,充分利用工业机器人这一生产要素,最大限度地提高生产效率。

工业机器人系统的维护保养是指定期通过感官、仪表等辅助工具,检查设备关键部位的声响、振动、温度、油压等运行状况,并将检查结果记录在点检卡上。点检的内容主要包括工业机器人本体的日常清洁保养检查,系统运行过程中本体的定期预防性保养,定期更换电池、润滑油/脂,外围设备及控制柜的维护保养。应根据不同品牌机器人的特性,对其维护和保养的时限、内容、流程、点检卡等提出不同的要求。工业机器人日常检查操作流程如图1-37所示。

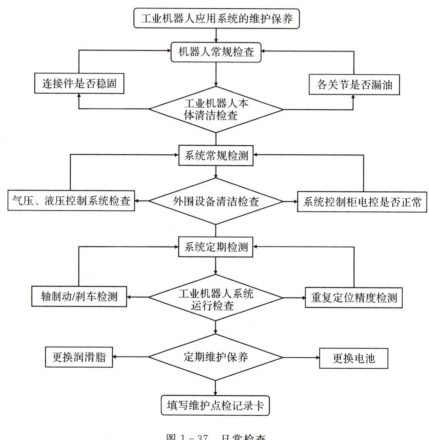

图1-37 日常检查

任务实施

为了使机器人能够长期保持较高的性能,必须进行检修。检修分为日常检修和定期检修,其检修项目与基本周期如表1.5所示,检查人员必须编制检修计划并切实进行检修。另外,必须以每工作40 000 h或每8 a之中较早到达的时间为周期进行大修。检修周期以点检作业为基础制定。装卸作业等使用频率较高的作业,建议按照约1/2的周期实施检修及大修。

机器人机械电气
操作维护手册

表 1.5 机器人维保点检卡

检修部位		检修间隔						方法	检修处理内容
		日常	间隔 1000 h	间隔 6000 h	间隔 12000 h	间隔 24000 h	间隔 36000 h		
1	清扫主体	○							擦除污垢；消除堆积物
2	原点标记	○						目测	零点是否丢失
3	外部线缆	○						目测	检测是否有污迹、损伤
4	整体外观	○						目测	清理尘埃，检测各部分有无色裂
5	底座螺栓		○					扳手	检测有无缺少、松动
6	盖类螺栓		○					扳手	检测有无缺少、松动
7	主要螺栓		○					目测、扳手	检测有无松动
8	航插		○					手触	检查有无松动
9	同步带			○				手触	检查皮带张紧力及摩擦程度
10	电池组								示数器显示报警
11	各轴减速机				○				检测有无异常
12	机内线缆				○			目测	检查有无磨损、扭断
13	终端夹具		○					目测	检测有无缺少、松动

一、工业机器人日常检查及定期维护

操作前须做好防护,作业人员须穿戴工作服、安全帽、安全鞋等,预防发生人员和设备的安全意外。安全防护的内容包括操作人员的安全防护与设备环境的安全检查。

维修、检修作业必须在确认周围安全、确保躲避危险所必需通道和场所畅通的前提下安全地进行作业。进行机器人的日常检查、修理和部件更换作业时,务必先切断电源,然后再进行。另外,为了防止其他作业者不小心接通电源,应在一级电源位置挂上"禁止接通电源"警示牌。

接通电源时,必须确保机器人的动作范围内没有作业人员。切断电源后,方可进入机器人的动作范围内进行作业。若检修、维修保养等作业必须在通电状态下进行,则应2人一组进行作业,1人保持可立即按下紧急停止按钮的姿势,另1人在机器人的动作范围内保持警惕并迅速进行作业。此外,应确认好撤退路径后再行作业。手腕部位及机械臂上的负荷必须控制在允许搬运重量范围内。如果不遵守允许搬运重量的规定,可能会导致异常动作发生或机械构件提前损坏。

1. 主要螺栓的检修

螺钉拧紧和更换时,必须用扭矩扳手以正确扭矩紧固后,再行涂漆固定。此外,应注意未松动的螺栓不得以所需以上的扭矩进行紧固。主要螺钉检查部位如表1.6所示。

表1.6 主要螺钉检查部位

序号	检查部位	序号	检查部位
1	机器人安装用	5	J4轴电机安装用
2	J1轴电机安装用	6	J5轴电机安装用
3	J2轴电机安装用	7	手腕部件安装用
4	J3轴电机安装用	8	末端负载安装用

2. 润滑油的检查与更换

每运转5 000 h或每隔1 a(装卸用途时则为每运转2 500 h或每隔0.5 a),须测量减速机润滑油的铁粉浓度。超出标准值时,有必要更换润滑油或减速机。检修时,如果超出必要数量的润滑油流出了机体外,则须使用润滑油枪对流出部分进行补充。但补充的润滑油量比流出量多时,可能会导致润滑油渗漏或机器人动作时轨迹不良等,应注意避免。检修或加油完成后,为防止漏油,须在润滑油管接头及带孔插塞处缠上密封胶带再进行安装。

更换润滑油时,混用不同油品可能导致减速机严重受损,因此加注减速机润滑油时,勿混用不同油品。机器人操作说明中另有规定的除外。

3. 电池的更换

电池更换步骤如下：①拆下航插板,拉出电池,如图1-38所示;②拔下旧电池;③将新电池插入插头,放入机器人底座;④重新安装好盖板;⑤开启机器人,设置其零点。

注意,更换电池时需要将电源置于"ON"状态。若将电源置于"OFF"状态,会导致当前位置数据丢失,需要重新进行零点标定。因此,更换电池时,为了安全,必须按下急停按钮。

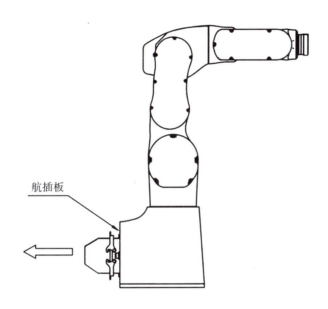

图1-38　电池更换示意图

4. 填写机器人维保点检卡

根据检查情况,填写机器人维保点检卡。

二、工业机器人故障处理

1. 故障现象和原因

在设计上,机器人必须做到即使发生异常情况,也可以立即检测出异常,并立即停止运行。但即便如此而停止,机器人仍然处于危险状态下,应绝对禁止继续运行。

机器人发生故障时有以下几种情况：

(1)一旦发生故障,直到修理完毕仍不能运行的故障。

(2)发生故障后,放置一段时间,又可以恢复运行的故障。

(3)即使发生故障,只要切断电源后再启动电源,就又可以运行的故障。

(4)发生故障后,立即就可以再次运行的故障。

(5)非机器人本身,而是系统侧的故障导致机器人异常动作的故障。

(6)因机器人侧的故障,导致系统侧异常动作的故障。

若出现(2)(3)(4)的情况,必定会再次发生故障。因此,在出现故障后,勿继续运转,应立即联系接受过规定培训的保全作业人员,由其实施故障原因的查明和修理。此外,应将这些内容放入作业规定中,并建立可以切实执行的完整体系。否则,易导致事故发生。

机器人动作、运转发生某种异常时,如果不是控制装置出现异常,就应考虑是因机械部件损坏所导致的异常。为了迅速排除故障,首先需要明确掌握现象,并判断是因什么部件出现问题而导致的异常。

2. 各个零部件异常的检验方法

一种故障现象可能由多个不同部件导致,为了判明是哪个部件损坏,可参考表1.7所示的内容。

表1.7 故障现象和原因

故障说明	原因部件	
	减速机	电机
过载①	○	○
位置偏差	○	○
发生异响	○	○
运动时振动②	○	○
停止时晃动③		○
轴自然掉落	○	○
异常发热	○	○
误动作、失控		○

①负载超出电机额定规格范围时出现的现象。
②动作时的振动现象。
③停机时在停机位置周围反复晃动数次的现象。

减速机损坏时会产生振动及异常声音,此时,会妨碍设备正常运转,导致过载、偏差异常,并可能出现异常发热现象。此外,还可能出现完全无法动作及位置偏差的现象。

电机异常时,会出现停机时晃动、运转时振动等动作异常现象。此外,还会出现异常发热和异常声音等情况。

减速机与电机检查处理方法如下:

(1)检查关节轴运行:检测关节轴,如有明显撞击、尖锐噪声或出现不规则振动,则判定减速机出现异常。

(2)检查减速机温度:短暂运行一段时间,若温度急速上升,且与运行中相同机型同轴减速机温度相差较大,则基本可判断是减速机出现异常。

(3)检查电机有无异常声音、异常发热现象。

以上异常情况均需更换对应零部件。

任务评价

通过本项目的学习后,应全面了解工业机器人的定义、结构、原理、应用。请将对应内容的掌握情况填入表1.8。

表 1.8 考核与评价

序号	鉴定评分标准	是/否	备注
1	能清晰表述工业机器人的定义与发展		
2	能概括工业机器人的结构组成及功能		
3	能表述工业机器人的工作原理与分类		
4	能根据工业机器人的主要技术参数进行选型		
5	能识读工业机器人安全标志		
6	能列出机器人日常检查流程及内容		
7	能对工业机器人进行规范的清洁保养		
8	能根据手册对工业机器人进行螺栓检查、电池与润滑油更换		
9	能排除工业机器人零部件故障		
综合评价			

项目2 工业机器人的基础操作

项目描述

随着科技的飞速发展,制造业面临着从传统制造向智能制造转型的重大机遇。为响应国家推动智能制造的战略部署,提升生产效率与产品质量,W技术有限公司决定在生产线中引入工业机器人,以实现自动化作业。作为制造部门的工程师,您肩负着关键责任:通过学习工业机器人的基础操作,使用示教器完成编程、各种参数的设置、输入/输出信号的设置、程序的调试运行与编辑修改等工作。在初步认识示教器后,通过示教器实现对机器人的运动控制。

思维导图

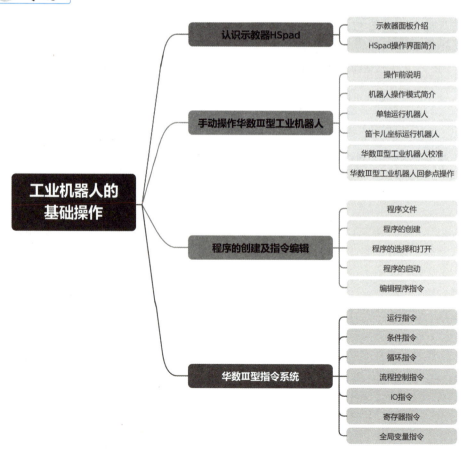

匠人匠语

在当今日新月异的科技浪潮中,工业机器人的智能化发展已成为制造业的一大趋势。它们不仅能够大幅提高生产效率、减少人工成本,还能确保产品质量的稳定性和一致性。而在这一过程中,机器人的编程技术起着至关重要的作用。

随着技术的不断进步,我们有理由相信,未来的工业机器人将会更加智能、高效,为制造业的发展注入新的活力。

任务 1　认识示教器 HSpad

学习目标

(1)熟悉华数Ⅲ型示教器(HSpad)控制面板上的按键功能。

(2)熟悉 HSpad 的操作界面布局,了解每个图标的含义及对应功能。

(3)熟悉机器人使用中的一些基本操作设置。

认识示教器
HSpad

任务描述

为了降低工人劳动强度,提高生产效率,某公司采购了一批华数工业机器人,你作为制造部工程师,为大家讲解华数Ⅲ型示教器(HSpad)的基础使用,使大家能顺利操作华数工业机器人。

任务分析

一、示教器面板介绍

1. 华数机器人系统组成

华数机器人系统是一个集成化的智能制造解决方案,如图 2-1 所示,主要由以下几个部分组成:

(1)机械手①:机械手是机器人系统的执行部分,具有多个自由度,能够在空间中进行精确的位置和姿态调整。机械手的设计根据应用场景不同,可以是抓取型、焊接型、喷涂型等,以适应不同的生产需求。

(2)连接线缆②:连接线缆是机器人系统各组成部分之间的连接桥梁,负责传输电信号和数据。连接线缆的质量和性能对机器人系统的稳定性和安全性有着至关重要的影响。

(3)电控系统③:电控系统是机器人系统的核心部分,负责控制机械手的运动、处理传感器数据、执行程序等。电控系统通常由控制器、驱动器、电源等组成,能够实现对机器人系统的高效、精确控制。

(4)HSpad 示教器④:HSpad 示教器是华数机器人系统的操作终端,通过它可以方便地实现对机器人系统的操作和控制。示教器具有友好的用户界面和丰富的功能,如手动操作、编程、参数设置等,能够满足用户的不同需求。

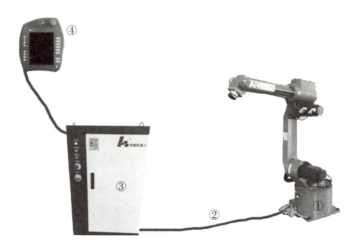

图 2-1 华数机器人系统

2. HSpad 面板按键

(1)HSpad 正面如图 2-2 所示,图中各按键的功能如表 2.1 所示。

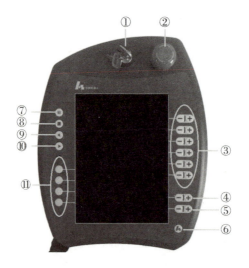

图 2-2 华数 HSpad 正面

表2.1　HSpad正面按键功能

按键编号	功能说明
①	用于调出连接控制器的钥匙开关。只有插入钥匙后,状态才可以被转换。可以通过连接控制器切换运行模式
②	紧急停止按键。用于在危险情况下使机器人停机
③	点动运行键。用于手动移动机器人
④	自动运行倍率调节。用于设定程序调节量
⑤	手动运行倍率调节。用于设定手动调节量
⑥	菜单按键。可进行菜单和文件导航器之间的切换
⑦	暂停按键。可在程序运行时暂停
⑧	停止键。可停止正在运行中的程序
⑨	预留按键
⑩	开始运行键。在加载程序成功后,点击该按键可开始运行
⑪	辅助按键

(2)HSpad背面如图2-3所示,图中各区域的功能如表2.2所示。

图2-3　HSpad背面

表2.2　HSpad背面各区域功能

区域编号	功能说明
①	调试接口
②	三段式安全开关。安全开关有3个位置:未按下;中间位置;完全按下。 在运行方式手动T1或手动T2中,安全开关必须保持在中间位置,方可使机器人运动;在采用自动运行模式时,安全开关不起作用

续表

区域编号	功能说明
③	HSpad 触摸屏手写笔插槽
④	优盘 USB 接口。用于存档/还原等操作
⑤	HSpad 标签型号

二、HSpad 操作界面简介

HSpad 的操作界面主要采用命令图标的形式,操作者能够直观地看到各种功能和命令,并快速选择。这种设计不仅提高了操作效率,也降低了操作难度,即使是没有专业背景的人员也能够快速上手。HSpad 本身并没有独立的电源开机键,它的开机与控制器同步。当控制柜上电后,示教器会自动启动,并等待与控制器建立网络连接。在连接成功之前,操作者无法控制机器人的运动。这种设计确保了系统的安全性和稳定性,防止了因误操作而导致的潜在风险。

1. 基本操作界面

开机和网络连接正常后,HSpad 的基本操作界面如图 2-4 所示。示教器界面共有 10 类图标,点击图标时会弹出对应设置窗口。每个图标的具体含义见表 2.3。

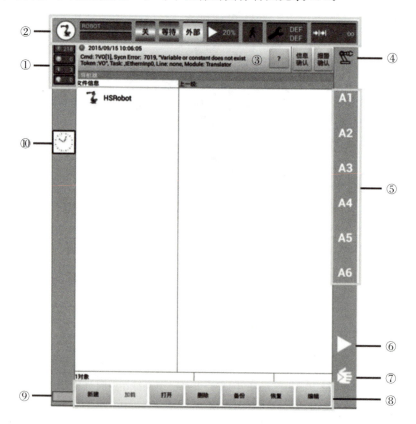

图 2-4 HSpad 操作界面

表 2.3　HSpad 操作界面图标功能

图标编号	功能说明
①	信息提示计数器。信息提示计数器提示每种信息类型各有多少条等待处理信息。触摸信息提示计数器可放大显示
②	状态栏
③	信息窗口。触摸信息窗口可显示信息列表,列表中会显示所有待处理的信息。默认设置只显示最后一个信息提示。 可以被确认的信息可用确认键确认; 信息确认键可确认所有除错误信息以外的信息; 报警确认键可确认所有错误信息; "?"按键可显示当前信息的详细信息
④	坐标系状态。触摸该图标可以显示所有坐标系,并进行选择
⑤	点动运行指示。触摸图标会显示运动系统组选择窗口。选择组后,将显示为相应组中所对应的名称。 如果选择了与轴相关的运行,这里将显示轴号(A1、A2 等); 如果选择了笛卡儿式运行,这里将显示坐标系的方向(X、Y、Z、A、B、C)
⑥	自动倍率修调图标
⑦	手动倍率修调图标
⑧	操作菜单栏。用于程序文件的相关操作
⑨	网络状态。 红色为网络连接错误,此时需要检查网络线路问题; 黄色为网络连接成功,但控制器初始化未完成,无法控制机器人运动; 绿色为网络初始化成功,HSpad 正常连接控制器,可控制机器人运动
⑩	时钟。时钟可显示系统时间。点击时钟图标会以数码形式显示系统时间和当前系统的运行时间

2.状态栏

在 HSpad 的操作界面中,最上方的状态栏显示工业机器人设置的当前状态,如图 2-5 所示,状态栏对应功能说明见表 2.4。这些状态信息对于操作者来说非常重要,因为它们提供了关于机器人当前工作状况的直接反馈。多数情况下,通过点击状态栏的图标就会打开一个设置窗口,在打开的窗口中即可更改设置。

图 2-5　HSpad 状态栏

表 2.4　HSpad 状态栏简介

图标编号	功能说明
①	主菜单图标。功能同菜单按键
②	机器人名。显示当前机器人的名称
③	加载程序名称。在加载程序之后，会显示当前加载的程序名
④	使能状态。点击可打开使能设置窗口，在自动模式下点击开/关可设置使能开关状态。窗口中可显示安全开关的按下状态。 绿色并且显示"开"，表示当前使能打开； 红色并且显示"关"，表示当前使能关闭
⑤	程序运行状态。自动运行时，显示当前程序的运行状态
⑥	模式状态显示。显示机器人当前所处的运行模式，如手动模式、自动模式、示教模式等。不同的模式对应不同的操作权限和功能。模式可以通过钥匙开关设置，模式可设置为手动模式、自动模式、外部模式
⑦	倍率修调显示。切换模式时会显示当前模式的倍率修调值。触摸会打开设置窗口，可通过加/减键进行加减设置（单次1%），也可通过滑块左右拖动设置
⑧	程序运行方式状态。触摸会打开设置窗口，在手动 T1 和手动 T2 模式下可点击连续/单步按钮进行运行方式切换。在自动运行模式下只能是连续运行，手动 T1 和手动 T2 模式下可设置为单步或连续运行
⑨	激活基坐标/工具显示。触摸会打开窗口，点击工具和基坐标选择相应的工具和基坐标进行设置
⑩	增量模式显示。在手动 T1 或者手动 T2 模式下触摸可打开窗口，点击相应的选项设置增量模式

3.调用主菜单

除状态栏中的常用参数设置外，HSpad 的所有参数设置和命令（包括程序和文件的管理）均在主菜单中，可点击状态栏上的主菜单图标或 HSpad 上的菜单按键，打开主菜单窗口，如图 2-6 所示。再次点击可关闭。

主菜单中共有七个一级菜单：文件、配置、显示、诊断、投入运行、帮助、系统。每个一级菜单下都包含若干个子菜单和选项，用于不同的参数设置、命令执行和程序管理。在界面下方，最多可显示 6 个最近打开的菜单项。这些菜单项按照最近使用的顺序排列，方便操作者快速返回到之前访问过的功能或页面。

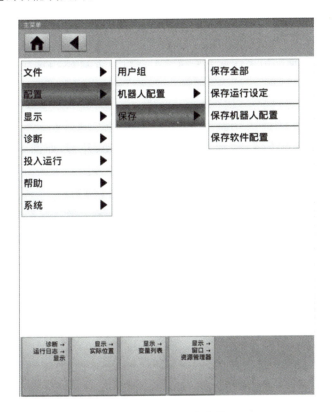

主菜单说明

图 2-6　HSpad 主菜单

4. 重启示教器

在进行某些特定设置（如校准）后，可能需要重启示教器以确保设置生效。以下是重启示教器的操作步骤：

(1) 打开主菜单：点击状态栏上的主菜单图标，或者直接在 HSpad 上按下主菜单按键。

(2) 选择"系统"菜单：在主菜单中点击"系统"菜单项。

(3) 选择"重启系统"：在"系统"子菜单中点击"重启系统"选项。

(4) 确认重启：在弹出的提示对话框中点击"是"按钮，确认执行重启操作。

(5) 等待重启：确认重启后，示教器将在大约 30 s 后自动关闭并开始重启过程。同时，与示教器连接的机器人控制器也将进行重启。

注意事项

①在重启之前,应确保所有正在编辑的程序和设置都已经保存。如果未保存,重启后新编辑的数据将会丢失,并且无法恢复。

②如果正在执行重要任务或在程序运行中,建议在重启前暂停或停止相关操作,以避免数据丢失或任务中断。

③重启过程中不要关闭示教器的电源或断开与机器人控制器的连接,以确保重启过程顺利完成。

5. 切换运行方式

华数Ⅲ型机器人共有四种运行方式,手动 T1、手动 T2、自动、外部,如图 2-7 和表 2.5 所示。

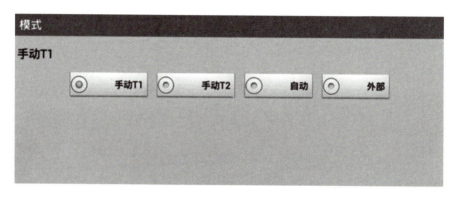

图 2-7 运行方式

切换运行方式之前要确保钥匙已插入。

注意:在程序已加载或运行期间,运行方式不可更改。

表 2.5 运行方式

运行方式	应 用	速 度
手动 T1	用于低速测试运行、编程和示教	编程示教:编程速度最高 125 mm/s; 手动运行:手动运行速度最高 125 mm/s
手动 T2	用于高速测试运行、编程和示教	编程示教:编程速度最高 250 mm/s 手动运行:手动运行速度最高 250 mm/s
自动模式	用于不带外部控制系统的工业机器人	程序运行速度:程序设置的编程速度; 手动运行:禁止手动运行
外部模式	用于带有外部控制系统(如 PLC)的工业机器人	程序运行速度:程序设置的编程速度; 手动运行:禁止手动运行

切换运行方式的操作步骤如下：

(1)确保机器人控制器未加载任何程序,且示教器钥匙开关的钥匙已连接。

(2)在 HSpad 上转动钥匙开关,HSpad 界面会显示选择运行方式的界面。

(3)选择需要切换的运行方式。

(4)将钥匙开关再次转回初始位置。

所选的运行方式会显示在 HSpad 主界面的状态栏中。

6. 显示功能

在 HSpad 中,操作者可以方便地查看机器人的各种相关信息,包括数字信号输入/输出端、模拟信号输入/输出端、外部自动运行输入/输出端、机器人的实际位置、变量列表等,这些信息对于了解机器人的状态、监控其运行及进行故障诊断等都非常重要。

1)显示数字信号输入/输出端

此输入/输出端(IO)针对机器人电控柜中的 PLC 而言,用于控制机器人及其附件(如末端夹具)的动作,并接收来自外部设备(如传感器)的反馈信号(比如:控制末端夹具开合的信号为输出,检测是否开合到位的信号为输入),如图 2-8 所示,图 2-8 中编号/按键的含义说明如表 2.6 所示。

数字信号的值为 TRUE 或 FALSE,等同于其他系统中的 ON 或 OFF、1 或 0。

操作步骤:

(1)在主菜单中选择显示→输入/输出端→数字输入/输出端。

(2)点击选择特定的输入/输出端,通过界面右边按键对 IO 进行操作。

图 2-8 数字信号输入/输出端

表 2.6　编号/按键说明

编号/按键	说　　明
1	数字输入/输出序号
2	数字输入/输出 IO 号
3	输入/输出端值。如果一个输入或输出端值为 TRUE,则被标记为红色。点击可切换值为 TRUE 或 FALSE
4	表示该数字输入/输出端为真实 IO 或虚拟 IO,真实 IO 显示为 REAL,虚拟 IO 显示为 VIRTUAL
5	数字输入/输出端的说明
−100	在显示中切换到之前的 100 个输入或输出端
+100	在显示中切换到之后的 100 个输入或输出端
切换	在虚拟 IO 和真实 IO 之间切换
值	将选中的输入/输出端值置为 TRUE 或者 FALSE
说明	给选中行的数字输入/输出端添加解释说明
保存	保存 IO 说明

2)显示模拟信号输入/输出端

操作步骤:

(1)在主菜单中选择显示→输入/输出端→模拟输入/输出端。

(2)点击选择显示任一个特定的输入/输出端,通过界面右边按键对模拟量信号进行操作。其界面和按键含义与数字信号输入/输出端相似,此处不再赘述。

3)显示外部自动运行输入/输出端

在主菜单中选择显示→输入/输出端→外部自动运行,可查看机器人的外部运行状态,其界面和含义如图 2-9 和表 2.7 所示。

图 2-9　外部自动运行输入/输出端

表 2.7 编号含义说明

编号	说　明
1	外部自动运行输入/输出端序号
2	输入/输出端状态
3	对于输入/输出端的说明
4	类型:绿色表示该输入/输出端为IO;黄色表示该输入/输出端为变量
5	输入/输出端名称
6	输入/输出端的值

4) 显示机器人的实际位置

在机器人系统中,TCP(tool center point,工具中心点)的当前位置和方向对于编程、手动操作及故障诊断都非常重要。HSpad 允许用户查看 TCP 的当前位置,既可以以笛卡儿坐标(X、Y、Z 及方向 A、B、C)的形式显示,也可以以关节轴坐标($A1$ 至 $A6$ 及可能的附加轴)的形式显示,如图 2-10 所示。

笛卡儿[①]式实际位置:显示 TCP 的当前三维空间位置(X、Y、Z)和方向(A、B、C)。

轴相关实际位置:将显示轴 A1 至 A6 的当前位置。这些值表示每个关节轴相对于其零点的旋转角度。如果机器人配备有附加轴(如第七轴或轨道轴),则这些附加轴的位置也会显示出来。

操作步骤:选择主菜单显示→实际位置。

轴	位置[度,mm]	单位
A1	2.56787	度
A2	-147.433	度
A3	233.592	度
A4	-0.895117	度
A5	4.14269	度
A6	344.159	度
E1	4287.48	度
E2	0.0	度

名字	值	单位
位置	值	单位
X	511.693	mm
Y	22.799	mm
Z	520.53	mm
取向	值	单位
A	2.50321	deg
B	90.3006	deg
C	-16.7338	deg

图 2-10 笛卡儿式/轴相关实际坐标

---

① 笛卡儿(René Descartes),亦有译为"笛卡尔"。根据"术语在线"(http://www.termonline.cn)及《世界人名翻译大辞典(修订版)》(中国对外翻译出版公司,2007 年版),本书采用"笛卡儿"。

5)显示变量列表

选择主菜单显示→变量列表。点击不同变量列表,会显示相关变量,这些变量可能是用来存储机器人的位置、速度、力矩、传感器读数等各种信息的。示教器允许用户查看、增加、删除、修改和保存程序中使用的变量。通过右边的功能按钮可以做增加、删除、修改、保存等操作,如图2-11所示,所有修改操作必须点击"保存"后才能生效。

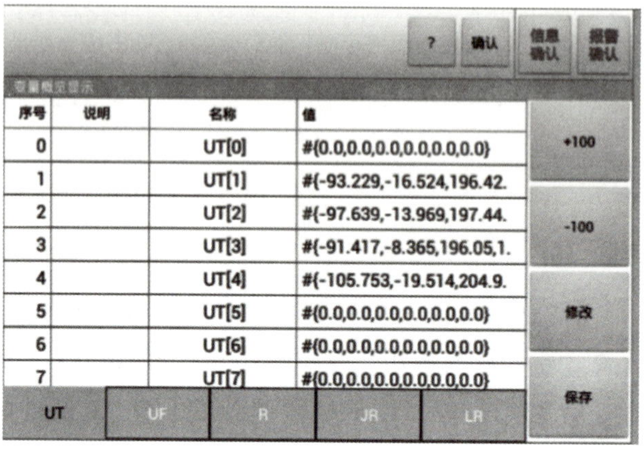

图2-11 变量列表

华数Ⅲ型工业机器人控制系统中定义了5种变量:

(1)UT:工具坐标系变量。工具坐标系是定义在机器人末端执行器(如焊枪、夹爪等)上的坐标系,用于描述工具相对于机器人末端法兰的位姿。

(2)UF:基坐标系变量。基坐标系是定义在机器人安装位置上的固定坐标系,用于描述机器人相对于世界坐标系(或用户自定义的固定坐标系)的位置和方向。

(3)R:数值寄存器。数值寄存器用于存储和传输数值型数据,这些数据可以是整数、浮点数等,用于在机器人程序中进行各种数学运算和逻辑判断。

(4)JR:关节型坐标寄存器。关节型坐标寄存器用于存储和表示机器人各关节的角度值,这些角度值描述了机器人各关节相对于基准位置的旋转量。

(5)LR:笛卡儿型坐标寄存器。笛卡儿型坐标寄存器用于存储和表示机器人末端执行器(TCP)在笛卡儿空间中的位置和姿态,这些位置和姿态以位置(X、Y、Z)坐标及方向(A、B、C)形式表示。

7. 配置功能

1)更换用户组

HSpad系统软件中共有三个用户组,不同的用户组有不同的权限,启动时会选择用户组。

(1)Normal用户:操作人员用户组,该用户组为默认用户组。

(2)Super用户:超级权限用户组,该用户组拥有HSpad系统所有功能的使用权。此用户通过密码进行保护。

(3)Debug 用户：调试人员用户组，该用户组对 HSpad 系统部分调试方面的功能有使用权。此用户通过密码进行保护。

更换用户组操作步骤如下：

(1)在主菜单中选择配置→用户组，将显示出当前用户组信息，如图 2-12 所示。

(2)若欲切换至默认用户组，则点击标准（如果已经在默认的用户组中，则不能使用标准）。若欲切换至其他用户组，则按下登录键，再选定所需的用户组。

(3)Super 用户和 Debug 用户需要输入密码后登录，如图 2-13 所示。

(4)若需要修改某个用户的密码，则选中该用户，再按下密码键。

(5)在密码修改界面输入原来的密码和新的密码后，点击 OK 键即可修改完成。初始默认密码为"hspad"。

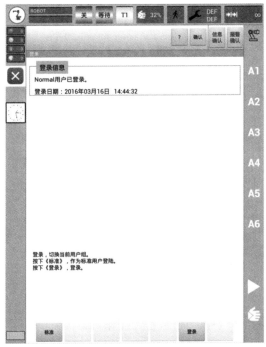

图 2-12　当前用户组信息

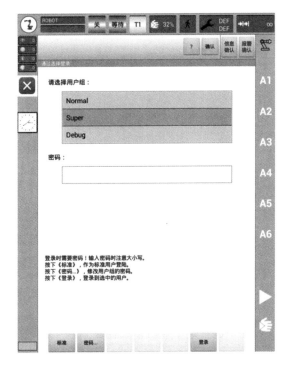

图 2-13　用户登录界面

2)机器人通讯配置

在一个工作站中，机器人往往需要与其他设备通信，此时则需要对机器人的通讯配置进行设置，如图 2-14 所示。

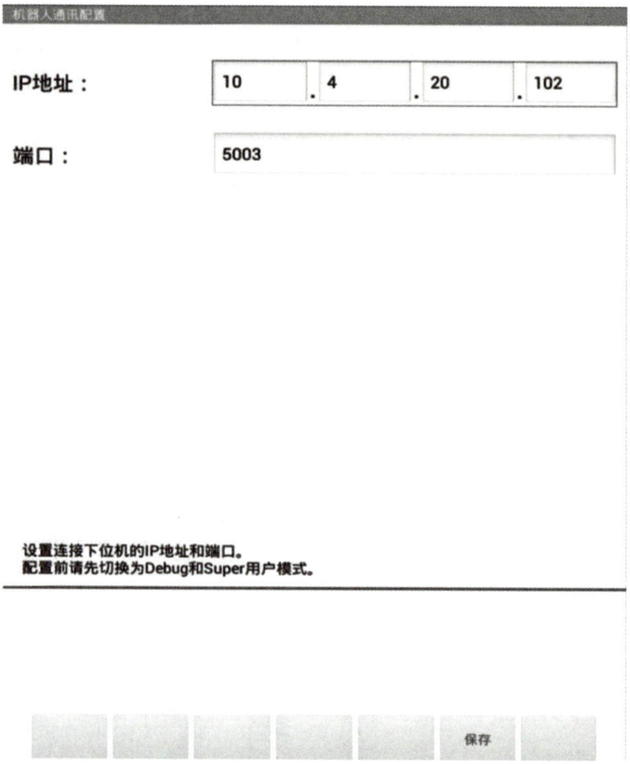

图 2-14 机器人通讯配置

操作步骤：

(1) 更换用户组到 Super。

(2) 在主菜单选择配置→机器人配置→机器人通讯配置，将显示出机器人通讯配置窗口。

(3) 配置通信参数。

(4) 保存参数，需重启使之生效。

8. 坐标系

在华数Ⅲ型工业机器人控制系统中定义了四种坐标系以便于编程和操作机器人，这些坐标系为机器人提供了定位、移动和交互的参考框架。四种坐标系分别是轴坐标系、世界坐标系(WORLD)、基坐标系(BASE)和工具坐标系(TOOL)，HSpad 中还会使用机器人默认坐标系，如图 2-15 所示。

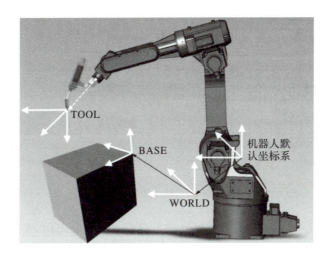

图 2-15 机器人坐标系

9. 软限位设置

为保证机器人运行过程中的安全,不发生超伸和碰撞,设置有软限位和硬限位。

软限位是通过软件设定的各轴运动范围的限值,可以限制所有机械手和定位轴的轴范围,从而确保机器人运行在安全范围内。

注意:

①在设置软限位时,必须确保软限位使能已打开。只有当使能开关处于 ON 状态时,软限位才会生效。

②软限位设置的值不能超过机械硬限位。硬限位是机器人物理结构上的限制,若机器人尝试超过这些限制,可能会导致机械损坏或安全事故。

③在进行软限位设置时,应充分考虑机器人的工作需求和现场环境,确保设置的限值既安全又合理。

下面以内部轴为例,介绍软限位设置和删除方法(外部附加轴与之相同):

(1)在主菜单中点击投入运行→软件限位开关。

(2)在图 2-16 所示界面中点击轴 1 栏(A1),设置轴 1 软限位,输入数据,选择使能为 ON,点击确定。其他 5 轴操作类似。

(3)设置完所有轴限位信息后,点击保存按钮。若提示栏提示保存成功,则重启控制器后即可生效。若保存失败则提示保存失败。

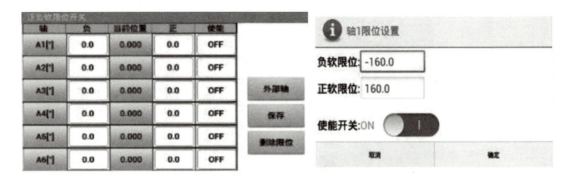

图 2-16 软件限位设置

若需要删除全部限位信息,可在软件限位信息界面点击删除限位,重启后生效。

任务实施

1. 介绍 HSpad 示教器按键功能

作为制造部门的工程师,你将在本任务中肩负起关键职责:为公司员工讲解清楚华数Ⅲ型示教器(HSpad)控制面板上按键的功能。

2. 介绍 HSpad 示教器操作方法

你要以工程师的身份为公司员工讲解清楚华数Ⅲ型示教器(HSpad)的操作方法。

任务评价

完成本任务后,请按照表 2.8 检查自己是否学会了相应的内容。

表 2.8 HSpad 示教器操作评价表

序号	鉴定评分标准	是/否	备注
1	熟悉 HSpad 正面、背面各按键功能		
2	熟悉 HSpad 操作界面各按钮功能		
3	熟悉状态栏各信息含义		
4	熟悉菜单栏各功能含义		
5	熟练使用示教器进行机器人相关的基础设置		

任务训练

(1)请你以项目工程师的身份为大家讲解示教器的基本结构、功能和操作界面。

(2)请你以项目工程师的身份为大家讲解如何使用示教器进行编程,设置机器人的运动轨迹、作业速度、加速度等参数,以及进行输入/输出信号的配置。

任务2 手动操作华数Ⅲ型工业机器人

学习目标

(1)掌握华数Ⅲ型工业机器人的手动单轴移动、手动倍率修调。
(2)掌握华数Ⅲ型工业机器人的零点校准、回参考点等操作。

基础操作示教器(实操)

任务描述

在完成华数Ⅲ型示教器(HSpad)基础介绍后,接下来要给公司员工讲解华数Ⅲ型工业机器人的手动操作、零点校准、回参考点等操作,使公司员工掌握华数机器人的基础使用。

任务分析

一、操作前说明

本任务主要介绍 HSR-JR603 型机器人的手动操作,包括华数Ⅲ型工业机器人的手动单轴移动、手动倍率修调、校准、回参考点等操作及工具坐标系和基坐标系的标定。

安全规定要求:

(1)在点动操作机器人时要采用较低的速度倍率。
(2)在按下示教器上的点动运行键之前要考虑机器人的运动趋势。
(3)要预先考虑好避让机器人的运动轨迹,并确认该线路不受干扰。
(4)机器人周围区域必须清洁,无油、水及杂质等。
(5)在开机运行前,必须知道机器人根据所编程序将要执行的全部任务。
(6)华数机器人断电后,需要等待放电完成才能再次上电。
(7)必须知道所有会影响机器人移动的开关、传感器和控制信号的位置和状态。
(8)必须知道机器人控制器和外围控制设备上紧急停止按钮的位置,随时准备在紧急情况下使用这些按钮。
(9)永远不要认为机器人没有移动就代表程序已经完成,因为这时机器人很有可能正在等待让它继续移动的输入信号。

二、机器人操作模式简介

机器人共有四种操作模式,常用手动和自动两种。

在手动模式下,机器人 TCP 以设置好的速度移动。此模式一般用于手动操作机器人变换位姿、示教和低速测试机器人路径等。只要操作人员在安全保护空间之内工作,就应始终以手动模式进行操作。

在自动模式下,机器人可以运行程序,并在没有人工干预的情况下移动。自动运行时,操作人员应处于安全保护范围以外,并严禁其他人员靠近。

三、单轴运行机器人

1. 机器人轴方向

手动模式下,机器人每个轴均可以独立地正向或反向运行,如图 2-17 所示。在轴坐标系下,使用示教器右侧 A1－A6 点动运行按键＋/－可以手动操作机器人运动。

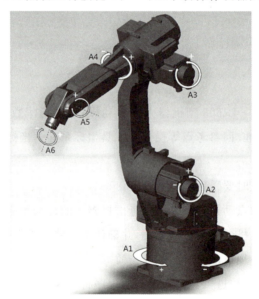

图 2-17 机器人轴方向

2. 手动倍率

手动倍率控制手动运行时机器人的速度,它以百分比表示,以机器人在手动运行时的最大可能速度为 100％基准。

手动倍率的设置方法有两种:

(1)使用示教器右侧的手动倍率正负按键来设定倍率,可以以 100％、75％、50％、30％、10％、3％、1％ 步距进行设定。

(2)通过操作界面中的图标来修改。触摸倍率修调状态图标(见图 2-18),打开倍率调节量窗口,按下相应按钮或者拖动滑块后,倍率将被调节。

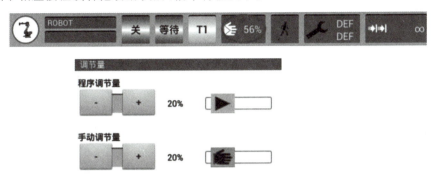

图 2-18 手动倍率修调

注意:手动模式时,状态栏中只显示手动倍率修调值;自动模式时,状态栏中只显示自动倍率修调值。点击后,在"调节量"窗口中,手动倍率修调值和自动倍率修调值均可设置。

3. 手动单轴运动的基本步骤

(1)确保机器人运行方式为手动 T1 或手动 T2。

(2)选择运行的坐标系统为轴坐标系,在运行键旁边会显示 A1—A6,如图 2-19 所示。

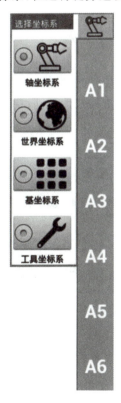

图 2-19 轴坐标系选择

(3)设定手动倍率。

(4)按住安全开关,此时使能处于打开状态。

(5)按下 A1—A6 中任一轴正或负运行键,可以使机器人对应轴朝正或反方向运动。

4. 手动运行附加轴

若机器人配置了附加轴(E1—E5),在运行方式切换为手动 T1 或手动 T2 时,也可手动单轴运行附加轴,具体步骤如下:

(1)点击任意运行键图标,打开"选择轴"窗口,选择运动系统组(附加轴)。

运动系统组的可用种类和数量取决于设备配置。配置操作为主菜单→配置→机器人配置→机器人信息,在其中配置。

(2)设定手动倍率。

(3)按住安全开关,在运行键旁边将显示所选择运动系统组的轴。

(4)按下正或负运行键,可以使轴朝正方向或反方向运动。

三、笛卡儿坐标运行机器人

手动运行机器人,除可单轴运行之外,还可以笛卡儿坐标方式运行,即 TCP 沿着一个坐标轴的正向或反向运行。

手动笛卡儿运动的基本步骤如下:

(1)确保机器人运行方式为手动 T1 或手动 T2。

(2)选择运行键的坐标系统为世界坐标系、基坐标系或工具坐标系,运行键旁边会显示以下名称:X、Y、Z,用于沿选定坐标系的轴进行线性运动;或者 A、B、C,用于沿选定坐标系的轴进行旋转运动。

(3)设定手动倍率。

(4)按住安全开关,此时使能处于打开状态。

(5)按下正或负运行键,可以使机器人朝正或反方向运动。

四、校准

在以下几种情况下必须对机器人进行校准,否则机器人将无法正常运行:

①机器人投入运行时;

②机器人发生碰撞后;

③更换电机或编码器后;

④机器人运行碰撞到硬限位后。

机器人只有在校准之后方可进行笛卡儿运动。所有机器人的校准位置都相似,但不完全相同。即使是同一机器人型号的不同机器人,其精确位置也会有所不同。

进行轴校准时可以把轴的软限位使能关闭,待轴数据校准后再启用使能开关,以便于轴校准。

下面以内部轴为例介绍校准步骤(外部附加轴校准与之相同)。

(1)点击主菜单→投入运行→调整→校准,打开"轴校准"窗口,如图2-20所示。

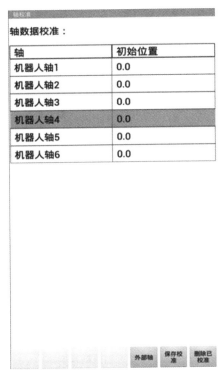

图2-20　轴数据校准

(2)移动机器人轴到机械原点(图2-21)。

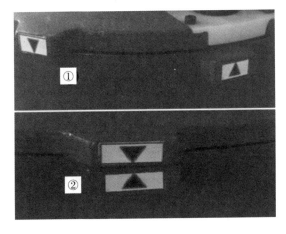

图2-21　机械原点

（3）待各轴都运动到机械原点后，点击列表中的各个选项，在弹出的输入框中输入正确的数据，点击确定，如图 2-22 所示。

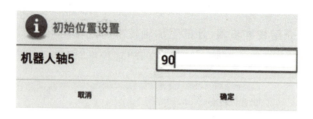

图 2-22　机器人原点输入

（4）各轴数据均输入完毕后，点击保存校准按钮，保存数据（图 4-23），保存是否成功的状态会在状态栏显示。

轴	初始位置
机器人轴1	0.0
机器人轴2	-90.0
机器人轴3	180.0
机器人轴4	0.0
机器人轴5	90.0
机器人轴6	0.0

图 2-23　轴数据校准

注意：数据输入完成并点击保存校准按钮后，如果显示校准不成功，则应检查网络是否连接成功。

五、回参考点操作

机器人校准后的初始位置即为参考点，俗称机器人原点。

在机器人运行的过程中或运动结束之后，通常要求将机器人回到参考点。

在华数Ⅲ型系统 HSpad 中，设有专用回参考点命令的按键，因此需要将参考点坐标保存至某一变量（一般为 JR 关节坐标寄存器）中，再使用运动到点命令。具体操作步骤如下：

（1）选择主菜单→显示→变量列表。

（2）点击 JR 选项，显示 JR 变量，如图 2-24 所示。选中某一个具体变量（如 JR[3]）后，点击修改按钮（见图 2-25），将参考点坐标{0,-90,180,0,90,0}输入，点击确定。

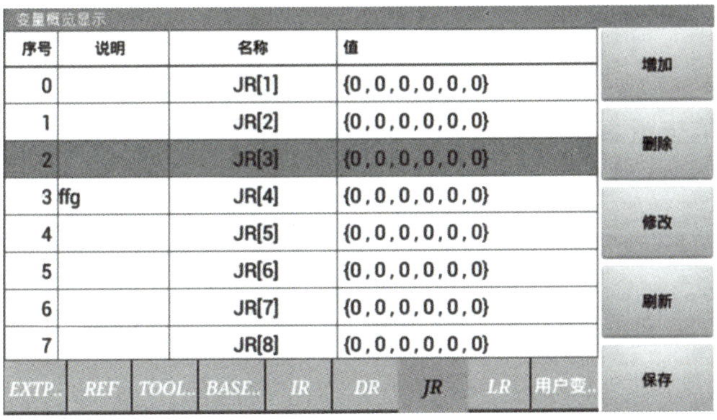

项目2　工业机器人的基础操作

图 2-24　关节位置寄存器显示

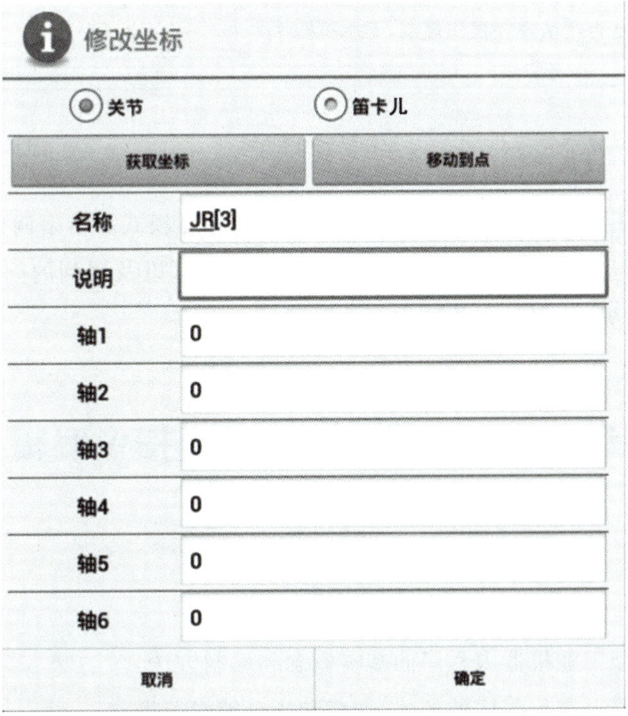

图 2-25　关节位置寄存器修改

（3）点击移动到点按钮，机器人即可回到参考点。

注意：通常选择靠前或靠后的变量作为参考点，并加上说明文字，与其他变量做区分。

任务实施

作为工程师，你要为公司员工培训讲解，使公司员工能够熟练掌握华数Ⅲ型工业机器人的手动单轴移动、手动倍率修调、零点校准及回参考点等基础操作，确保他们在实际应用中能够安全、高效地操作机器人。

任务评价

完成本任务后,请按照表 2.9 检查自己是否学会了须掌握的内容。

表 2.9 示教器操作评价表

序号	鉴定评分标准	是/否	备注
1	熟悉并遵守安全操作规程		
2	能够独立完成工业机器人的手动单轴移动、手动倍率修调		
3	能够完成华数Ⅲ型工业机器人的零点校准、回参考点等操作		
4	能够切换机器人不同操作模式,并运行		
5	是否严格遵守操作规范,无违规操作		

任务训练

(1)请你以项目工程师的身份为大家讲解机器人的运行模式和倍率调整方式。

(2)讲解后,邀请员工分享在实操过程中的体验和感受,以及遇到的问题和解决方案,并针对反馈进行解答和指导,确保员工能够完全掌握所学内容。

任务 3 程序的创建及指令编辑

学习目标

(1)熟悉华数Ⅲ型工业机器人程序的基本概念和编制方法。
(2)学会在示教器上进行程序的新建、加载和指令编辑等操作。
(3)掌握工业机器人程序编辑操作流程。

程序的创建和
指令的编辑(实操)

任务描述

在你给员工讲解完华数Ⅲ型工业机器人的基础操作之后,接下来要给他们讲解华数Ⅲ型工业机器人程序的创建及指令编辑,使公司员工能编写简单的程序操作机器人。

程序的创建和
指令的编辑(实录)

任务分析

依照工业机器人程序新建、编写与管理方法,使用示教器实操掌握程序的新建、加载与指令编辑等,完成程序编写任务。

一、程序文件

华数Ⅲ型工业机器人控制系统中供用户使用的程序文件只有一种——PRG 文件,如图 2-26 所示。

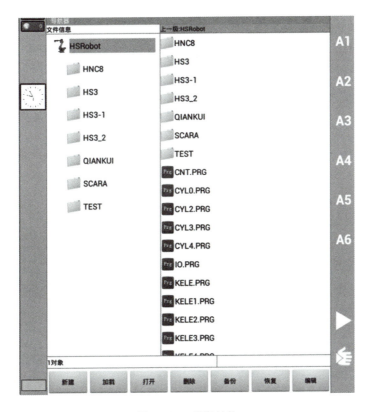

图 2-26 程序结构

二、程序的创建

程序的创建可直接在 HSpad 上完成,也可在电脑上利用 Notebook 等软件编写完成,然后通过数据传输到 HSpad 上。本书以前一种方法为例进行讲解。

打开 HSpad 文件管理导航器,如图 4-27 所示,用户可在导航器中管理程序及所有系统相关文件。文件信息栏中会显示 HSRobot 下所有的文件夹及子文件夹,这是一个目录概览。如图 2-27 所示,文件信息栏中显示了 HSRobot 下的文件夹 N2,右侧显示了当前文件夹里包含的程序。

1. 在文件夹下新建程序

新建程序前,可以首先新建一个文件夹,即在左侧目录结构中选定要在其中创建新文件夹的文件夹,点击下方的新建按钮,接着选择文件夹,输入文件夹的名称(名称不能包含空格),再点击确认,需要的文件夹就建好了。

然后就可以在新建的文件夹下创建程序了。首先,在文件信息栏中选定要在其中建立程序的文件夹,点击下方的新建按钮,选择程序,输入程序名称(名称不能包含空格),再点击确认。

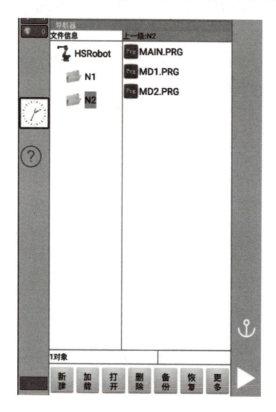

图 2-27 导航器

2. 文件的编辑

对文件的编辑包括文件的重命名、锁定及取消锁定、删除、备份和还原。

(1)重命名。打开导航器显示界面,在文件列表中标记文件或文件夹,选择右下角的"更多",然后选择"重命名",用新的名称覆盖原文件名,并点击确认。

(2)锁定及取消锁定。文件锁定后不允许修改,也不能进行重命名、删除等操作。只有在解除锁定后才允许对文件重新编辑。锁定只针对文件,不可对文件夹。文件的锁定操作如下:首先在目录结构中标记文件,然后点击界面右下角的菜单按钮(LOGO),再选择锁定,并点击提示框中的锁定按钮。完成锁定后,选定的文件图标上会显示一个锁的样式。同样,文件取消锁定也是在编辑命令下取消锁定。输入解锁密码并点击确定后即可解锁当前选定的文件。初始解锁密码为"hspad"。

(3)删除。文件的删除只有在文件没有被锁定的情况下方可进行。在目录结构中标记文件或文件夹,然后选择右下角编辑命令下的删除操作,点击对话框中的确认按钮,被标记的文件或文件夹即被移除。

(4)备份和还原。文件/文件夹下的内容要及时保存,必要的时候应进行备份(或还原)。备份和还原的路径通常为 U 盘或默认路径。选择将要备份的文件,点击下方的备份按钮,再点击提示框中的确认按钮即可完成备份。类似地,点击导航器下方的恢复按钮,在弹出的提示框中会列出所有设置路径下的 PRG 文件。选中需要恢复的文件,再点击确定按钮即完成文件还原。

3. 程序清理

选中导航器 HSRobot 目录下所有的文件及文件夹,再点击删除按钮,可删除示教器上所有程序。

4. 点位清理

将空的点位信息文件夹 regfile 存入 U 盘根目录下,点击示教器主菜单→文件→获取寄存器文件,打开"发送/获取寄存器文件"窗口,选中 UT、UF、JR、LR,点击发送文件按钮,将空的点位信息发送到示教器,如图 2-28 所示。发送完毕后,重启控制器,原来点位即全部删除。

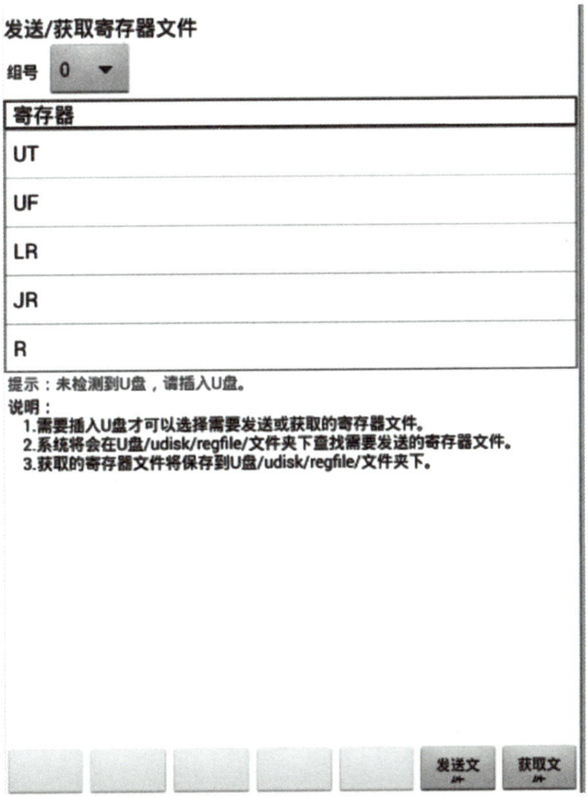

图 2-28 点位清理

三、程序的选择和打开

选择并打开一个程序之后,将显示程序编辑器,在其中可以对程序进行更改,如图2-29所示。可以通过界面右下角的菜单按钮(LOGO)在程序显示和导航器之间互相切换。

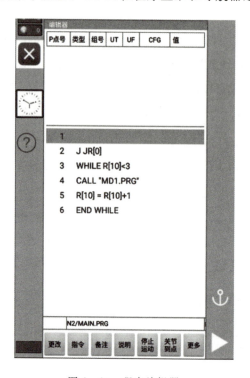

图2-29 程序编辑器

1. 加载程序

在手动T1、手动T2或自动模式下,在导航器中先选择要加载的程序,再点击下方的加载按钮,编辑器中将显示该程序。

2. 打开程序

在手动T1、手动T2或自动模式下,可以打开已经加载的程序,但是不能对其进行编辑。要想进行编辑,只需执行打开操作即可(不要加载)。在导航器中选择程序并点击下面的打开按钮,编辑器中将显示该程序,并处于可编辑状态,如图2-30所示。程序编辑完成后,点击左侧的关闭按钮会提示是否保存程序。

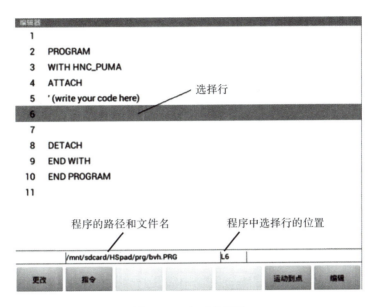

图 2-30 打开的程序

四、程序的启动

(1)点击状态栏中的 [图标] 选择程序运行方式,有连续运行和单步运行。

(2)点击状态栏中的 [图标] 设定程序运行倍率。手动 T1 方式下的最大速度为 125 mm/s,手动 T2 方式最大速度为 250 mm/s。

(3)打开/关闭使能。在手动模式下使用安全开关打开或关闭使能,在自动模式下通过使能状态按钮设置打开或关闭使能。使能状态如表 2.10 所示。

表 2.10 使能状态

图标	颜色	信息	说明
开	绿色	开	已打开使能
关	灰色	关	已关闭使能

在手动 T1 或手动 T2 模式下,按下安全开关,使能打开;松开安全开关或用力按下安全开关,使能关闭。

切换到自动模式或外部模式,点击状态栏中使能状态显示按钮,再点击开按钮即可打开使能,点击关按钮即关闭使能。

(4)程序在运行中,会显示出不同的状态,如表 2.11 所示。

表 2.11 程序运行状态

图标	颜色	信息	说　明
等待	灰色	等待	未加载程序,等候状态
准备	棕色	准备	已加载程序,未开始运行状态
运行	绿色	运行	点击运行按钮,程序开始运行
错误	红色	错误	运行时出现错误
停止	灰色	停止	点击停止按键,结束程序运行

五、编辑程序

正在运行中的程序是无法进行编辑的。只有程序停止运行后,才可以对程序进行编辑。

1. 插入注释和说明

当程序处于打开可编辑状态时,点击需插入注释的行,再点击操作菜单中的更改按钮进行注释的修改。点击操作菜单中指令下的手动指令即可弹出编辑框书写注释和说明,注意注释和说明中不可以出现中文,只能以英文进行注释和说明,如图 2-31 所示。编辑完成后,点击确定按钮完成注释内容编辑。

图 2-31 程序注释

添加说明操作方法类似,点击需要添加说明的行,再点击操作菜单中的说明按钮,弹出"添加说明"对话框。输入说明后,点击确定完成说明添加,如图 2-32 所示。

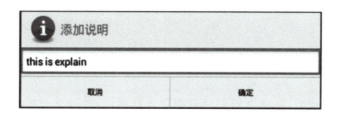

图 2-32　程序说明

2. 删除程序行

当程序处于打开可编辑状态时,点击需要删除的行以选定(该程序行选中后为蓝色背景即表示选中),选择操作菜单中编辑命令下的删除,即可删除对应的行。删除的程序行不能被恢复,请谨慎操作!即使一个包含有运动指令的程序行被删除,其点名称和点坐标仍会存储在 DAT 文件中,该点可以应用到其他运动指令中,无需再次示教。

3. 复制/粘贴功能

处于编辑状态的程序中可执行复制/粘贴功能。点击需要复制的行以选定,选择操作菜单中编辑命令里的复制,即复制该选中行。点击需要粘贴行位置之前一行,选择操作菜单中编辑命令里的粘贴,即可将该行粘贴到选中行的下一行。(复制/粘贴可跨文件。)

任务实施

请你以工程师身份为公司员工讲解如何使用华数Ⅲ型示教器(HSpad)完成程序的创建与调试。

任务评价

完成本任务后,请按照表 2.12 检查自己是否学会了须掌握的内容。

表 2.12　示教器(HSpad)实操评价表

序号	鉴定评分标准	是/否	备注
1	能够熟练创建程序文件夹及程序		
2	能够使用 HSpad 的编程功能,手动引导机器人执行所需的任务序列		
3	程序命名与参数设置是否准确		
4	程序编写完成后,是否进行了必要的保存和备份		
5	是否严格遵守了操作规范,无违规操作		

任务训练

1. 请你以项目工程师的身份,为公司员工提供关于华数Ⅲ型示教器(HSpad)的深入指导和培训。

2. 在程序创建完成后,着重讲解如何对程序进行调试,并分享一些实用的调试技巧和经验,如单步运行、断点设置等,帮助员工快速定位并修复程序中的错误。

任务 4　华数Ⅲ型工业机器人指令系统

任务描述

你作为公司的培训负责人,针对华数Ⅲ型工业机器人控制系统中常用指令为员工进行培训,引导员工理解华数Ⅲ型工业机器人程序各指令系统中相关指令的含义、语法及指令示例,学会在示教器上正确应用指令进行编程等操作,掌握工业机器人程序编辑的逻辑结构原理。

机器人指令系统

任务分析

编程中常用的指令类型有运动指令、条件指令、循环指令、流程控制指令、IO 指令、寄存器指令、全局变量指令等。

机器人指令系统(实操)

一、运动指令

运动指令实现以指定速度、特定路线模式等将工具从一个位置移动到另一个指定位置。运动指令包括了点位之间运动的 J 指令和 L 指令,以及画圆弧的 C 指令。运动指令编辑界面如图 2-23 所示。

图 2-33　运动指令编辑界面

1. J 指令

指令说明:

J 指令以单个轴或某组轴的当前位置为起点,移动单个轴或某组轴到目标点位置。移动过程中不进行轨迹控制和姿态控制。工具的运动路径通常是非线性的,在两个指定的点之间任意运动,如图 2-34 所示。

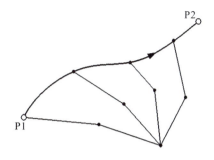

图 2-34 J 指令运动路线示意图

指令语法:

J target point [Optional Properties]

指令示例:

(1)J P[1] VEL= 50 ACC= 100 DEC= 100´关节运动至 P[1]点,运动参数设定为……

(2)J P[2]´关节运动至 P[2]点

指令参数(可选):

J 指令包含一系列可选运动参数,如 VEL(速度)、CNT(平滑系数)、ACC(加速比)、DEC(减速比)等,如表 2.13 所示。参数设置,仅针对当前运动有效,该运动指令行结束后,参数恢复到默认值。如果不设置参数,则使用各参数的默认值运动。

2. L 指令

指令说明:

L 指令以机器人当前位置为起点,控制 TCP 在笛卡儿空间范围内进行直线运动,如图 2-35 所示,常用于对轨迹控制有要求的场合。该指令的控制对象只能是机器人组。

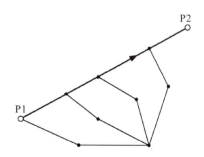

图 2-35 L 指令运动路线示意图

指令语法：

L target point [Optional Properties]

指令示例：

(1) L P[1] VEL= 50 ACC= 100 DEC= 100´直线运动至 P[1]点,运动参数设定为……

(2) L P[2]´直线运动至 P[2]点

指令参数(可选)：

与 J 指令相似,L 指令也包含一系列可选运动参数,参数设置仅针对当前运动有效,该运动指令行结束后,参数恢复到默认值。如果不设置参数,则使用各参数的默认值运动。

3. C 指令

指令说明：

C 指令以当前位置为起点,CirclePoint 为中间点,TargetPoint 为终点,控制机器人在笛卡儿空间进行圆弧轨迹运动(三点成一个圆弧),同时附带姿态的插补,如图 2-36 所示。

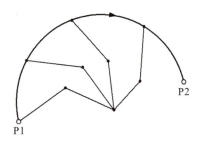

图 2-36 C 指令运动路线示意图

指令语法：

C CirclePoint TargetPoint [Optional Properties]

指令示例：

C P[2] P[3]´以 P[2]为中间点,弧线运动至终点位置 P[3]

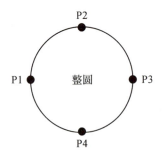

图 2-37 做整圆运动

做整圆运动(图 2-37)时指令如下：

①L P[1]

②C P[2] P[3]

③C P[4] P[1]

表 2.13 运动参数

名称	说明
VEL	速度
CNT	平滑系数
CNT_TYPE	平滑类型
ACC	加速比
DEC	减速比
VROT	姿态速度
SKIP	中断

相对于 L 以及 C 指令来说，J 指令的优点是可以让机器人拥有更快的移动速度，缺点是该指令只能保证机器人移动到目标点的位置，不能控制机器人在运行过程中的轨迹；而 L 指令和 C 指令会对机器人进行精确的轨迹及姿态控制，但这两个指令的运行速度较 J 指令来说慢一些。因此，在运动空间比较开阔，较少障碍物的情况下，可使用 J 指令控制机器人运动；在需要精确控制机器人运动轨迹，如进入某一狭小空间操作时，使用 L 指令或 C 指令严格控制机器人轨迹会更安全。

二、条件指令

指令说明：

条件指令 IF 用于机器人程序中的运动逻辑控制。

IF〈condition〉,代码块

当条件(condition)成立时，执行后面的代码块；条件不成立时，则顺序执行 IF 下一行开始的程序块。

指令示例：

    IF R[1]= 1, J P[1] VEL= 50
    J P[2] VEL= 50

三、循环指令

1. WHILE…END WHILE 指令

指令说明：

该指令用来循环执行包含在其结构中的指令块,直到条件不成立后结束循环。

指令示例：

  WHILE R[1]= 0

  J P[1] VEL= 50

  J P[2] VEL= 50

  END WHILE

当 R[1]=0 时,机器人执行循环体内的运动程序,当 R[1]≠0 时,则不执行循环体内的运动程序；R[1]=0 且取消 BREAK 注释时,P[1]和 P[2]只执行一遍便退出循环。

2. FOR…END FOR 指令

指令说明：

该指令与 WHILE…END WHILE 指令类似,也是循环执行包含在其结构中的指令块,不同的是 FOR 循环通常在指定循环次数的情况下使用。

指令示例：

  FOR R[1]= 0 TO 3 BY 1

  J P[1]   VEL= 50

  J P[2]   VEL= 50

  END FOR

设置 R[1]的初始值为 0,从 0～3 依次增加,步进值为 1,机器人将在 P[1]和 P[2]两点之间循环运动 4 次(R[1]=0,1,2,3)。

四、流程控制指令

流程指令用来控制程序的执行顺序。

1. CALL 指令

指令说明：

CALL 指令的功能是调用子程序。

指令示例：

  IF R[1]= 1, CALL "TEST1.PRG"

  IF R[1]= 2, CALL "TEST2.PRG"

在主程序中使用 CALL 指令调用子程序,程序会切换到子程序并执行子程序内的语句。

2. GOTO 指令

指令说明:

GOTO 指令主要用于跳转程序到指定标签(LBL)处。要使用 GOTO 关键字,必须先在程序中定义 LBL 标签,且 GOTO 与 LBL 必须同处在一个程序块中。

指令示例:

```
LBL[1]
IF R[1]= 1,GOTO LBL[2]
J P[1] VEL= 50
GOTO LBL[3]
LBL[2]
J P[2] VEL= 50
LBL[3]
GOTO LBL[1]
```

五、IO 指令

IO 指令包括 DO、DI 和 WAIT 指令等。

1. DO 指令

指令说明:DO 指令可用于给当前 IO 赋值为 ON 或 OFF,也可用于在 DI 和 DO 之间传值。

指令示例:

```
DO[10]= ON
DO[11]= OFF
```

2. DI 指令

指令说明:DI 指令不能通过程序直接赋值为 ON 或 OFF,而是被外部信号所控制。

指令示例:

```
IF  DI[10]= ON,  CALL "TEST1.PRG"
IF  DI[11]= ON,  CALL "TEST2.PRG"
```

3. WAIT 指令

指令说明:WAIT 指令用于阻塞等待一个指定信号(可选 DI、DO 或 R 寄存器),也可以用于睡眠等待(WAIT TIME,时间单位为 ms)。

指令示例:

```
WAIT R[1]= 1
```

```
J P[1] VEL= 100
DO[1]= ON
DO[2]= OFF
WAIT TIME =  100
```

六、寄存器指令

指令说明：寄存器指令用于寄存器赋值更改等，包含浮点型的 R 寄存器、关节坐标类型的 JR 寄存器、笛卡儿类型的 LR 寄存器。其中 R 寄存器有 300 个，JR 与 LR 寄存器共有 300 个。一般情况下，用户将预先设置的值赋值给对应索引号的寄存器，如 R[0]=1，JR[0]=JR[1]，LR[0]=LR[1]。寄存器可以直接在程序中使用。

寄存器指令包含 R[]、JR[]、LR[]、JR[][]、LR[][]、P[]、P[][]。

指令示例：

```
R[1] =  1
R[1] =  R[2]
R[1] =  R[1]+ 1
R[1] =  DI[1]
R[1] =  DO[1]
R[1] =  JR[0][0]+ LR[0][1]* R[2]- (R[3]/2+ R[4])
JR[1]= JR[2]
JR[1]= JR[1]+ JR[2]
JR[1][1]= JR[1][R[1]]* 2
JR[1][1]=  JR[1][1]* R[2]
JR[R[1]][R[2]]= JR[1][0]- R[1]
```

补充说明：JR[0][0]，第一个 0 指的是寄存器标号，第二个 0 指的是当前寄存器标号下第一个参数，如图 2-38 所示。

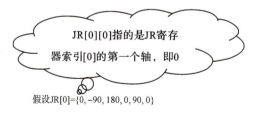

图 2-38　JR[0][0]示意图

七、全局变量指令

指令说明：全局变量指令用于定义程序全局参数，生效于整个程序（自带参数的除外）。该指令用于程序调用工具、工件号(程序中记录点位,若使用了工具工件,需把工具工件坐标系添加至程序中)。全局参数分为坐标系和全局运动参数两部分。

程序示例:

```
LBL[1]
UFRAME_NUM= 1
UTOOL_NUM= 1
L_VEL =  500
L_ACC =  80
L_DEC =  80
L P[1]    '调用工具号1和工件号1,以及设置的全局直线运动参数
L P[2] VEL =  200 ACC =  60 DEC =  60     '使用自带的速度、加速比、减速比
UFRAME_NUM =  - 1
UTOOL_NUM =  - 1
L P[1]    '调用默认坐标系工具号－1和工件号－1,以及设置的全局直线运动参数
L P[2]    '调用默认坐标系工具号－1和工件号－1,以及设置的全局直线运动参数
```

任务实施

请你以工程师的身份为公司员工讲解华数Ⅲ控制系统各种指令及其应用,然后在设备平台上分组练习。

任务评价

完成本任务后,请按照表2.14检查自己是否学会了须掌握的内容。

表2.14 控制系统指令认知评价表

序号	鉴定评分标准	是/否	备注
1	能够熟练使用运动控制指令		
2	能够熟练使用条件指令		
3	能够熟练使用循环指令		
4	能够熟练使用流程控制指令		
5	能够熟练使用IO指令		
6	能够熟练使用寄存器指令		
7	能够熟练使用全局变量指令		

任务训练

请你以项目工程师的身份,指导大家做以下实例:

(1)一个运动实例。

(2)一个循环运行实例。

(3)一个条件判断实例。

项目 3　工业机器人搬运单元操作与编程

项目描述

W 技术有限公司响应国家"十四五"规划,为了推动制造业智能化发展,也为了减轻产线工人的劳动强度,采购了一批机器人,完成从包装产线到铲车上的搬运工作。你作为制造部的工程师负责整个搬运工作站的机器人选型、搬运工具选取和安装、示教编程及优化调试等工作。

思维导图

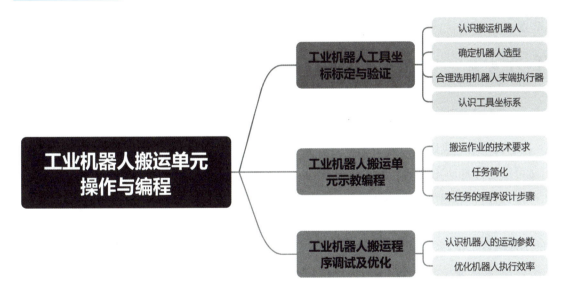

匠人匠语

搬运机器人是近代自动控制领域出现的一项高新技术。搬运机器人除了运用于机床上下料、自动装配生产线、码垛搬运、集装箱等自动搬运之外,它还是我们的"防疫英雄",疫情期间,在物流前端用于应急物资出入库及配送,在物流后端用于防疫药品、医疗器械等物料拣选及搬运配送。

科技改变生活,科技方能兴国,我们要紧跟时代脉搏,争做大国工匠。

机器人搬运应用案例

任务 1　工业机器人工具坐标标定和验证

学习目标

(1) 能够用专业的语言向客户介绍工具标定的意义和方法。
(2) 能根据工件特点建立工件坐标系,为快速定点编程作准备。
(3) 能对选定的末端执行器进行工具标定和验证。

任务描述

W 技术有限公司为了减轻生产线工人的劳动强度,采购了一批搬运机器人,完成对包装箱从包装生产线到铲车上的搬运工作,包装箱质地坚硬不易变形,重量不超过 5 kg,长度、宽度以及厚度均不超过 10 cm。你作为设备部工程师,需要选型合适的搬运工具,并确定搬运工具的 TCP 点。

任务分析

一、认识搬运机器人

搬运机器人为应用机器人运动轨迹实现代替人工搬运的自动化产品,是可以进行自动化搬运作业的工业机器人。广泛应用于机床上下料、冲压机自动化生产线、自动装配流水线、码垛搬运、集装箱等的自动搬运。搬运机器人可安装不同的末端执行器以完成各种不同形状和状态的工件搬运工作,大大减轻了人类繁重的体力劳动。

工业机器人工具坐标标定和验证(实操)

1. 搬运机器人的特点

搬运机器人具有通用性强、工作稳定等优点,且操作简便、功能丰富,并逐渐向第三代智能机器人发展。其主要优点如下:
(1) 动作稳定,搬运准确性高。
(2) 提高生产效率,解放繁重体力劳动,实现"无人"或"少人"生产。
(3) 改善工人劳作条件,摆脱有毒、有害环境。
(4) 定位准确,保证批量一致性。
(5) 降低制造成本,提高生产效益。

2. 搬运机器人的分类

从结构形式上看,搬运机器人可分为龙门式搬运机器人、悬臂式搬运机器人、侧壁式搬运机器人、摆臂式搬运机器人和关节式搬运机器人,如图 3-1 所示。

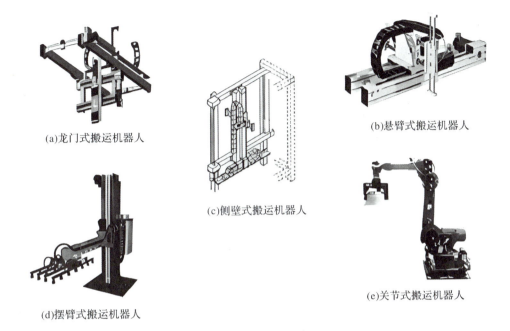

(a)龙门式搬运机器人　　(b)悬臂式搬运机器人　　(c)侧壁式搬运机器人　　(d)摆臂式搬运机器人　　(e)关节式搬运机器人

图 3-1　搬运机器人的分类

3. 搬运机器人的系统组成

搬运机器人是一个完整系统。以关节式搬运机器人(图 3-2)为例,其工作站主要由操作机、控制系统(控制柜、示教器等)、搬运系统(气体发生装置、真空发生装置和手爪等)和安全保护装置(图中未示出)组成。

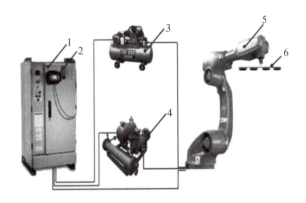

1—机器人控制柜;2—示教器;3—气体发生装置;4—真空发生装置;5—操作机;6—端拾器(手爪)。

图 3-2　搬运机器人系统组成

二、确定机器人选型

机器人选型要根据应用场合、有效负载、精度等分析。通用型机器人可用于码垛、雕刻、搬运、焊接、装配、切割、喷涂等领域;专用机器人针对特定的场合开发,具有性能独特的软硬件。例如,一些搬运工业机器人需要把 2 t 重的汽车举起,它的减速器负荷冲击能力比通用机器人要强。

在搬运机器人选型中,首先要考虑其有效负载,即机器人在其工作空间内可携带的最大载荷,包含安装在第六轴法兰上的工具重量和要搬运的工件的重量。从给出的任务可知,机器人有效负载不超过 5 kg。结合成本,考虑选用华数 HSR‑JR603 机器人(其部分技术参数见表 3.1)。

表 3.1 HSR‑JR603 机器人技术参数

序号	项目		技术参数
1	型号		HSR‑JR603
2	最大负载		30 kg
3	可达半径		1701 mm
4	重复精度		±0.05 mm
5	控制轴数		6 轴
6	最大速度	J1	96(°)/s,1.68 rad/s
		J2	88(°)/s,1.53 rad/s
		J3	192(°)/s,3.35 rad/s
		J4	297(°)/s,5.18 rad/s
		J5	297(°)/s,5.18 rad/s
		J6	375(°)/s,6.54 rad/s

根据表 3.1 示出的技术参数,该型号的机器人完全能满足生产要求。

三、合理选用末端执行器

工业机器人的末端执行器也称作机器人夹具,是指连接在操作腕部直接用于作业的机构,如手爪、真空吸盘、电磁吸盘。对不同物料和工件需要开发不同的末端执行器。手爪适用于搬运体积不大,重心容易确定,表面可以形变的工件;吸盘用于搬运表面不易形变的工件。本任务采用吸盘型夹具。

任务实施

系统默认的工具中心点(tool center point,TCP)位于末端法兰的中心。本任务选型吸盘工具,所以需要新建工具坐标系,采用四点法标定新建工具,方便编程时实现偏移。具体实施过程如下。

在菜单中,点击"投入运行"→"测量"→"用户工具"→"4点法"。工具坐标使用默认(DEF)的工具坐标系,如图3-3所示。

图3-3 工具坐标选择默认

将待测量工具的TCP从4个不同点位移向同一个参照点,参照点可以任意选择,如图3-4所示。机器人控制系统利用这4个点位计算出TCP。4个点位必须分散开足够的距离。

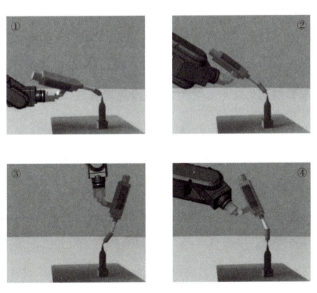

图3-4 工具标定位置参考

记录好 4 个点位之后,保存一下标定的结果,验证一下标定的效果,激活标定好的新的工具坐标系,将运行方式改为笛卡儿运行方式,调整 A/B/C 三个方向的角度,观察工具 TCP 是否始终保持相同的点位。

任务评价

完成本任务的操作后,请根据考证考点,按照表 3.1 检查自己是否学会了考证必须掌握的内容。

表 3.1　工具坐标标定和验证评价表

序号	鉴定评分标准	是/否	备注
1	能够根据所搬运物料正确选取合适的搬运工具		
2	能正确安装搬运工具,机器人在运行时候工具无抖动		
3	能明确工具标定的意义和用途		
4	能根据工具选型,建立合适的工具坐标系		
5	能对新建工具坐标系进行验证		

任务训练

(1)切换不同的作业工具(如弧口夹具或直口夹具),并完成工具坐标的标定和验证。

(2)在完成机器人工具标定的过程中,若出现标定不成功,如何排除故障?

技巧

在实训平台上进行四点标定时,要尽量使 4 个点位分散开,这样标定出的工具中心点更精确。同时注意机器人 5 轴摆动角度不要过大,避免出现机器人卡死现象。

任务 2　工业机器人搬运单元示教编程

学习目标

(1)能够从轨迹规划、数据存储、工艺流程等方面完成搬运程序的设计。

(2)能够熟练地对搬运作业进行示教编程。

项目3　工业机器人搬运单元操作与编程

任务描述

在完成项目前期搬运机器人、搬运工具的选型及吸盘工具的标定和验证之后,公司制造部经理希望你在实际的生产线上完成搬运任务的示教编程,要求搬运机器人在整个搬运过程中动作稳定、路径合理,不出现掉件和碰撞。并且根据工程部文件存档要求,完工时把规范绘制的I/O信号表、工艺流程图及搬运功能程序交主管审核存档。

任务分析

一、搬运作业的技术要求

一般来说,完成搬运作业应该达到的技术要求有以下几条:
①物料的移动需要对物料的尺寸、形状、重量和移动路径进行分析。
②搬运应按顺序进行,以降低成本,避免迂回往返。
③示教取点过程中,可在移动过程中设置中间点,提供缓冲。
④在追求效率的同时要考虑到产品的质量,不能损坏产品。

工业机器人搬运
单元的仿真操作

二、任务简化

本任务实现将工件从生产线到铲车的搬运,可以简化为用华数Ⅲ型工业机器人将物块从平面工作台上的位置 A 搬运到位置 B,如图 3-5 所示。需要依次完成 I/O 配置、程序数据创建、路径轨迹规划、目标点示教及程序编写与调试。

工业机器人搬运
单元示教编程(实操)

图 3-5　任务简化图

1. 搬运程序设计思路

机器人程序的设计主要包含三大部分:运动编程、动作编程和结构编程。运动编程指的是机器人以什么运动方式到达运动目标点位,运动指令有 J、L、C;动作编程指的是机器人到达目标点位之后执行的信号动作,动作方式有 DO、DI、WAIT 等;结构编程指的是机器人运动的逻辑结构,有顺序结构、选择结构和循环结构,常用的选择指令有 IF,循环指令有 WHILE、FOR 等。程序设计思路如图 3-6 所示。

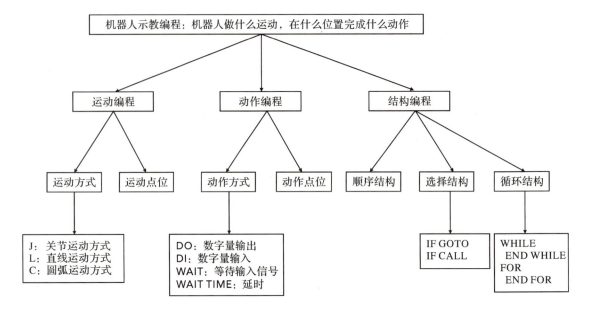

图3-6 程序设计思路

2. 搬运程序设计步骤

基于以上设计思路,程序设计步骤如图3-7所示。

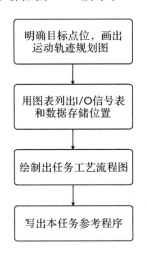

图3-7 程序设计步骤

三、本任务的程序设计步骤

1. 机器人搬运的轨迹规划

搬运机器人将物块从A位置放置到B位置处,之间距离比较短,为了让吸盘工具能够正对工件吸取,需要在目标点A及B位置处设置逼近点,也就是安全高度点。在编程的时候,目标点和安全高度点之间的轨迹要用L指令完成。机器人搬运路径规划如图3-8所示。

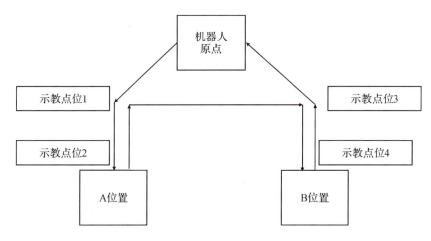

图3-8 搬运路径规划

2. 机器人的I/O信号规划和数据存储

可采用机器人的DI/DO信号与外围设备通信。DI数字输入信号用来检测状态,即外围设备告知机械臂当前传感器的状态,传感器、PLC传来的信号均以PNP的方式接到机器人的DI端子上;而DO数字输出信号用来控制外部设备,如执行器、报警指示灯等。在本任务中,机器人I/O信号分配如表3.2所示。

表3.2 机器人I/O信号分配

I/O 信号	功 能
DO[12]=ON	吸盘吸
DO[12]=OFF	吸盘松

根据图3-8,本任务的路径规划机器人需要示教4个点位,因此机器人的数据存储规划如表3.3所示。

表3.3 机器人搬运任务数据规划表

点 位	变 量
机器人原点(起点位置)	JR[0]
取料安全高度点(示教点位1)	LR[110]
取料点(示教点位2)	LR[100]
放料安全高度点(示教点位3)	LR[120]
放料点(示教点位4)	LR[101]

表 3.3 中机器人原点位置 JR[0] 也是机器人取料的起点位置,这个已经提前固定了,此次任务中不需要示教。

3. 搬运任务的工艺流程

根据任务要求和机器人的 I/O 规划,梳理搬运控制逻辑。本任务的工艺流程如图 3-9 所示。

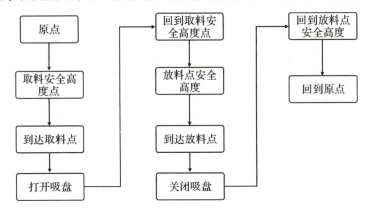

图 3-9 搬运工艺流程图

任务准备

(1)调节气动二联件,检查出气压力是否达到 0.45 MPa。

气动设备往往加装气动二联件或气动三联件,作为设备的气源开关,进一步过滤空气中的水分,调节气路压力,通过油雾器给气缸执行器加油润滑。本任务采用的气动二联件如图 3-10 所示,若要调节输出压力,可把压力调节螺母向上提起,顺时针调节至 0.45 MPa,以满足负压发生器的需求。调节结束后,把压力调节螺母按下,即可锁定所调压力。

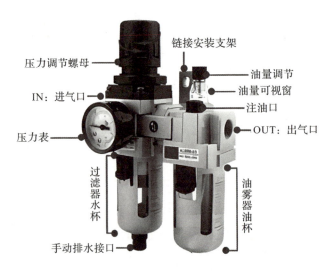

图 3-10 气动二联件结构

工程经验:调节时,可以通过压力表观察调节的效果。有时关闭了气动二联件的输入阀门,但气动二联件还没有泄压,原因可能是排气口的塞子压得过紧。此时用牙签等物体,在手动排水口处戳一下即可。

(2)调节输入空气压力,检查吸盘功能是否正常。

由于空压机的压力有波动,而且工件有一定负重,因此需要检查吸盘形变,判断压力是否可控。调节电磁阀,使输入空气压力为 0.4~0.45 MPa,观察吸盘是否能够吸起工件。

任务实施

根据 I/O 信号及数据存储规划,按照搬运任务的工艺流程,编写本任务的参考程序,如表3.4所示。

表 3.4 机器人搬运任务参考程序

行数	程 序	备 注
1	J JR[0]	运动到原点
2	J LR[110]	关节运动到取料点上方
3	L LR[100]	直线运动到取料点
4	WAIT TIME=500	等待 0.5 s
5	DO[12]=ON	打开吸盘
6	WAIT TIME=500	等待 0.5 s
7	L LR[110]	直线运动到取料点上方
8	J LR[120]	关节运动到放料点上方
9	L LR[101]	直线运动到放料点
10	WAIT TIME=500	等待 0.5 s
11	DO[12]=OFF	关闭吸盘
12	WAIT TIME=500	等待 0.5 s
13	L LR[120]	直线运动到放料点上方
14	J JR[0]	关节运动到原点

任务评价

完成本任务的操作后,请根据考证考点,按照表 3.5 检查自己是否学会了必须掌握的内容。

表 3.5　工业机器人搬运单元示教编程评价表

序号	鉴定评分标准	是/否	备注
1	能按照任务需求正确进行路径规划		
2	能根据路径规划进行合理的数据存储规划		
3	能规范绘制工艺流程图		
4	能根据工艺流程图,规范地编写本任务的程序		
5	能正确处理示教编程过程中出现的错误和警告信息		

任务训练

为了进一步提高生产线的自动化水平,公司采购了一批机器人,设备部经理要求使用机器人完成从铲车到料仓的搬运。但在搬运的过程中,吸盘总是出现掉件、吸不牢的情况,应该如何处理?

易错点

在编写机器人搬运程序的时候,往往会出现一个情况,就是在机器人还未到达取料点或放料点的时候,就已经打开或关闭吸盘信号了,导致工件吸取不到或提前掉落。出现这些状况是因为没有在运动指令和信号指令之间加延时指令。例如:

　　L LR[101]　　//直线运动到取料点

　　DO[12]= OFF //关闭吸盘信号

假设 L 指令执行完(工业机器人运动到放料点)的时间要 200 ms,而 L 指令执行了 100 ms 后 DO[12]就会输出为 OFF,此时工业机器人还未到 101 点。等工业机器人运动到 101 点后,整个程序执行完毕。上面例子说明了华数机器人中存在运动指令和逻辑指令同时执行的情况,也就是还未到达 101 点时,信号就输出了的情形。为了防止信号提前输出,需要在程序中加入 WAIT TIME 指令。

任务 3　工业机器人搬运程序调试及优化

学习目标

(1)能熟练运用常见的程序优化方法。

(2)能从路径优化、数据优化、合理利用运动参数等角度完成搬运程序的优化,提高运行效率。

任务描述

W技术有限公司为了响应工业4.0和中国制造2025,决定实施全生产线升级改造,提高生产效率,实现节能减排、绿色发展。公司设备部经理要求你在保证安全生产的前提下,提高搬运机器人的速度,减少搬运时间,实现提高生产线产能的目标。

任务分析

一、认识机器人的运动参数

运动参数是机器人运动控制中的重要概念,它们描述了机器人的运动轨迹、速度、加速度等运动特性。在机器人的设计与控制中,运动参数的设置将直接影响机器人的机械性能、控制精度和效率等各方面。下面介绍几个常见的运动参数。

工业机器人搬运单元
调试与优化(实操)

1. 运动速度

机器人的运动速度是机器人执行任务的重要参数之一。运动速度包括关节速度和末端工具速度两种。

(1)关节速度:关节速度是机器人每个关节运动的角速度。

(2)末端工具速度:末端工具速度是机器人执行工作时末端工具的速度,包括线速度和角速度,是一个合成速度。机器人可以通过改变各个关节的速度比例或者改变关节速度来控制末端工具的速度。

以华数Ⅲ型工业机器人为例:

    J_VEL = 1~ 100   //关节运动速度,百分比

    L_VEL = 1~ 1000   //直线运动速度

    C_VEL = 1~ 1000   //圆弧运动速度

    L_VROT = 1~ 100   //直线姿态速度

    C_VROT = 1~ 100   //圆弧姿态速度

以设置关节运动速度为例,具体操作如图3-11(a)所示,选择"属性设置",可在图3-11(b)中箭头指示处设置速度值。

2. 加速度

机器人在运动中需要具有一定的加速能力,这可以提高机器人在执行任务时的速度和准确性,但同时也会增加机器人的振动和能耗。

机器人的加速度分为关节加速度和末端运动加速度。

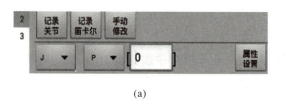

(a)

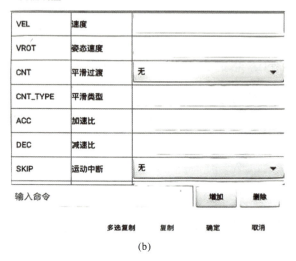

(b)

图 3-11 机器人运动速度设置

(1)关节加速度是机器人每个关节运动的加速度大小,这个值与机器人的机械结构和轨迹设计有关。

(2)末端运动加速度是指机器人末端工具在空间中的加速度,控制时也需要通过关节控制来实现,所以是一个合成值。

以华数Ⅲ型工业机器人为例:

```
J_ACC = 1~ 100       //关节加速比,百分比
J_DEC = 1~ 100       //关节减速比,百分比
L_ACC = 1~ 100       //直线加速比,百分比
L_DEC = 1~ 100       //直线减速比,百分比
C_ACC = 1~ 100       //圆弧加速比,百分比
C_DEC = 1~ 100       //圆弧减速比,百分比
```

3. 运动平滑性

运动平滑性是机器人在运动中表现出来的一种性质,是指机器人在执行任务时所产生的震动和冲击大小。可以通过选择合适的控制策略和优化机器人结构等方式,提高机器人的平滑性和稳定性。

以华数Ⅲ型工业机器人为例：

CNT = 0~ 100   //平滑过渡为0,默认为不平滑

CNT_TYPE= 0/1/2/17   //平滑类型

二、优化机器人执行效率

1. 确保安全的前提下提升运动速度

本任务中,为了在保证安全的前提下提高效率,可以适当地提高机器人的搬运速度。但运行速度不能过快,特别是在搬起或者放下工件时,由于惯性,机器人运动速度过快容易引起震动,也容易出现过载报警。在此状态下长期运行,会缩短吸盘和机器人减速器的使用寿命,对机器人的J6轴也会有一定影响。

2. 优化数据,减少机器人示教点位

机器人编程中的数据可以归纳为三类,示教点位、计算点位、常量点位,如图3-12所示。

(1)示教点位:在整个程序中采用示教方式进行初始化,程序运行过程中不能进行修改。

(2)常量点位:通过直接修改定义得到,程序运行过程中不能修改。

(3)计算点位:由示教点位和常量点位及循环变量等计算得到,属于临时变量,程序运行过程中会发生变化。

图3-12 机器人数据分类

本任务完成的是从水平流水线到水平铲车的搬运,搬运的姿态变化不大,距离也不长,所以中间没有设置过渡点,除了原点之外,总共需要示教4个点位。取料(放料)的安全高度点可以看作是从取料点(放料点)向上抬起一个高度,即在Z方向上加一个偏移量,这两个点可以通过计算获得,计算过程如下:

计算点位1＝示教点位1＋安全高度常量

计算点位2＝示教点位2＋安全高度常量

通过优化,完成本任务只需要示教2个点位。优化后的路径图如图3-13所示。

根据优化后的路径轨迹,本任务优化后的数据存储如表3.6所示。

其中安全高度点的设置根据任务现场情况测定。安全高度点距离取料(放料)点垂直方向偏移100 mm。常量LR[50]的修改操作为进入主界面→【显示】→【变量列表】→选中LR[50]→【修改】,其具体值如图3-14所示。

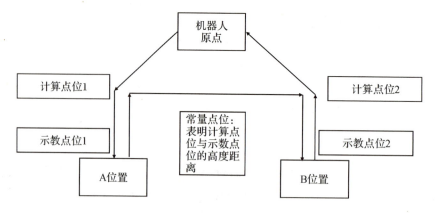

图 3-13　优化后的搬运路径图

表 3.6　优化后的数据存储表

点位	变量
机器人原点	JR[0]
安全高度点	LR[50]
取料点	LR[100]
放料点	LR[101]

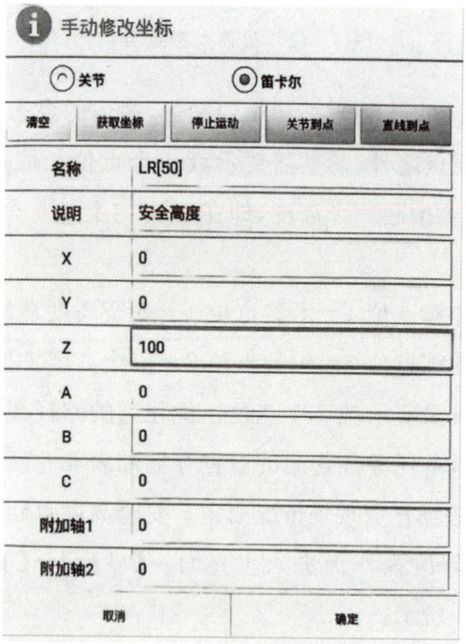

图 3-14　常量 LR[50] 的修改

在进行速度提升之后,先空载运行程序,观察是否因为速度提升而出现报警。出现报警多为过渡时机器人姿态变换过大或过渡半径过大,这时需要重新调整机器人姿态,或者在中间增加一些过渡点位。

操作权限

任务实施

根据 I/O 信号及数据存储规划,按照优化点位数据及指令执行速度的思路,把本任务的程序加以修改,如表 3.7 所示。

表 3.7 修改后的程序

行数	程　序	备　注
1	J JR[0]	运动到原点
2	LR[110]=LR[50]+LR[100]	计算取料安全高度点
3	LR[120]=LR[50]+LR[101]	计算放料安全高度点
3	J LR[110] VEL=50 ACC=50 DEC=50	关节运动到取料点上方
3	L LR[100] VEL=10 ACC=30 DEC=30	直线运动到取料点
4	WAIT TIME=500	等待 0.5 s
5	DO[12]=ON	打开吸盘
6	WAIT TIME=500	等待 0.5 s
7	L LR[110]VEL=30 ACC=50 DEC=50	直线运动到取料点上方
8	J LR[120]VEL=70 ACC=50 DEC=50	关节运动到放料点上方
9	L LR[101]VEL=10 ACC=30 DEC=30	直线运动到放料点
10	WAIT TIME=500	等待 0.5 s
11	DO[12]=ON	关闭吸盘
12	WAIT TIME=500	等待 0.5 s
13	L LR[120]VEL=30 ACC=50 DEC=50	直线运动到放料点上方
14	J JR[0]VEL=50 ACC=50 DEC=50	关节运动到原点

任务评价

完成本任务的操作后,请根据考证考点,按照表 3.8 检查自己是否学会了必须掌握的内容。

表 3.8　工业机器人搬运单元示教编程评价表

序号	鉴定评分标准	是/否	备注
1	能正确修改运动指令参数		
2	能正确设置常量点位		
3	能够合理地进行点位优化		
4	能根据任务需求，规范地编写本任务的优化程序		
5	能正确处理示教编程过程中出现的错误和警告信息		

任务训练

为了进一步提高生产线的生产效率，设备部经理要求完成从铲车到料仓的搬运优化。但在提速搬运的过程中，出现"无法到达关节点"的报警，应该如何处理？

故障判断

机器人程序相同，提速后有时会出现"过渡半径过大"的报警，这是由于速度提升后，机器人姿态变化太快了。可在报错点间插入一个新的工作点，缩小点与点之间的运动距离。

项目 4　工业机器人斜面涂胶单元操作与编程

项目描述

Y汽车公司接了一批海外订单,为了彰显民族品牌,公司要求制造部在车身处贴上"中国制造"的LOGO(徽标)(见图4-1),并进行涂胶加固。你作为制造部的工程师,负责整个涂胶工作站的机器人选型、安装、仿真、示教编程及调试优化等工作。

工业机器人涂胶应用案例

图4-1　"中国制造"LOGO

思维导图

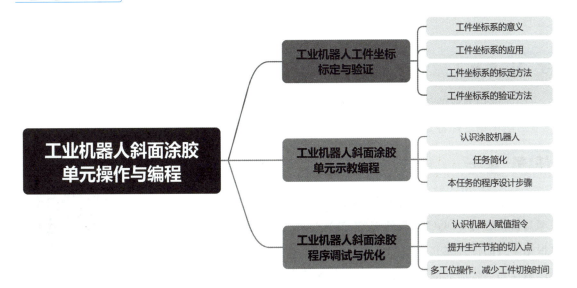

匠人匠语

"中国制造"这几个字,来之何其不易。1956年4月,在党中央政治局"论十大关系"会议上,毛主席感慨:"什么时候能坐上我们自己生产的小轿车来开会就好了。"

但是在当时造一辆轿车谈何容易,没有任何图纸资料,也没有相关技术。但是一汽的工人们从一张白纸开始设计图纸,以油泥模型来取样板,手工制造车身钣金覆盖件,千百次地试制零部件,一步一个脚印,才有了下面这张图(图4-2)。

1958年8月1日,我国第一辆高级轿车在第一汽车制造厂诞生,在次日的命名仪式大会上正式命名为"红旗"。是年8月4日,《人民日报》刊发《"红旗"牌高级轿车诞生了》。自此,"红旗"成为中国民族轿车的开端,并蜚声海外,被意大利国际著名造型大师誉为"东方艺术与汽车工业技术结合的典范"。

图4-2 "红旗"轿车

任务1 工业机器人工件坐标标定与验证

学习目标

(1)能够用专业的语言向客户介绍工具标定的意义和方法。
(2)能根据工件特点建立工件坐标系,为快速定点编程做准备。

任务描述

受制造部委托,你负责涂胶工作站的设备安装和机器人调试,为适应在车身位置进行LOGO涂胶的需要,提高产品变换时示教程序的速度,需要根据车身的位置建立工件坐标系,并完成工件坐标的验证,做好涂胶工作站编程和运行前的准备工作,收集好各项技术资料,做好归档。

工业机器人工件坐标标定和验证(实操)

任务分析

1. 工件坐标系的意义

机器人所有的运动都需要通过沿用机器人坐标系轴的测量来定位目标点的位置,华数Ⅲ型工业机器人的工件坐标系是一个笛卡儿坐标系,用来说明工件的位置,其目的是让机器人手动运行或编程设定的位置均以该坐标系为参照,从而简化编程。

工业机器人可以拥有多个工件坐标系,表示不同工件或同一工件在不同位置的副本。默认配置中,工件坐标系与机器人世界坐标系是一致的,如图4-3中坐标系 A 所示。

通常,当工件与默认坐标系平面不平行时,需要标定新的工件坐标系。若工件坐标位置有变化,可重新定位工作站中的工件,其路径也会随之更新,如图4-3中坐标系 B、C 所示。

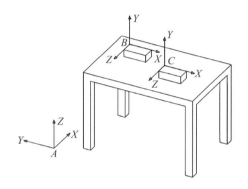

图4-3 机器人工件坐标示意图

2. 工件坐标系的应用

在手动运行机器人和示教编程时,若使用工件坐标系,则各种运动或示教编程将会变得非常简单。如图4-4(a)所示,在有多个夹具台的工作站中,标定了工件坐标系后,机器人手动操作会变得更容易;如图4-4(b)所示,进行码垛作业时,如果在托盘上标定了用户坐标系,那么就可以使机器人平移时位移增量的设定变得更容易。

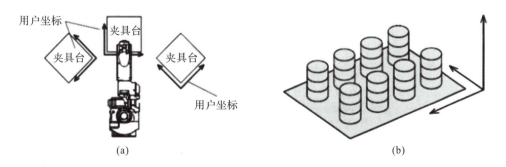

图4-4 工件坐标系应用

3. 工件坐标系的标定方法

工件坐标系的标定方法有 2 种,直接输入法和三点法。

直接输入法通常用于曾创建过的用户坐标系,记录一下坐标值,技术员可以直接在 UF 寄存器中选定序号,比如 UF[2],然后点击"修改",直接输入坐标值,如图 4-5 所示。

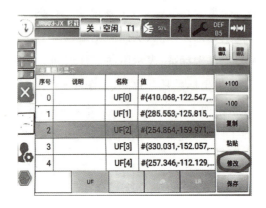

图 4-5　直接输入法标定

三点法标定工件坐标系的方法如下:

步骤一,点击"主菜单"→"投入运行"→"测量"→"工件坐标"→"3 点法"。

步骤二,为待测量的基坐标选择基坐标号和名称。

步骤三,用 TCP 移动到指定的原点位置,点击记录笛卡儿坐标。

步骤四,再选择一个方向为 X 正方向,移动 TCP 到 X 正方向的任意位置,点击记录笛卡儿坐标。

步骤五,选择与 X 正方向垂直的方向为 Y 正方向,移动 TCP 到 Y 正方向任意位置,点击记录笛卡儿坐标。

步骤六,点击"标定"→"保存",如图 4-6 所示。

图 4-6　三点法标定

注意：示教 X、Y 方向时，务必使用世界坐标，因为 X、Y 方向实际上是把世界坐标 X、Y 轴方向偏移了。确定了 X、Y 轴的坐标平面后，按照右手定则，Z 轴的正反向与世界坐标 Z 轴的正方向相同，垂直于 X、Y 轴确定的平面。

4. 工件坐标系的验证方法

检验建立的工件坐标是否正确，需要激活标定好的工件坐标、选择用户坐标系，如图 4-7 所示，移动 X、Y、Z 轴看是否与设定的坐标系一致。若发生偏离且误差比较大，则需要重新标定。

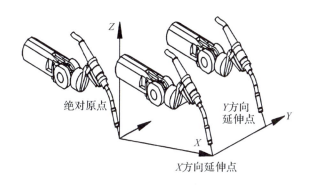

图 4-7 工件坐标系验证示意图

任务准备

机器人涂胶有两种方式，一种是工件固定，胶枪固定在机器人上，机器人带动胶枪涂胶；另一种是胶枪固定，机器人夹取工件，把工件放到胶枪下边涂边移动工件。第一种方式把工序细化，机器人只负责对工件涂胶一项任务，生产效率高，枪嘴刮胶方便；第二种方式中，机器人需要完成工件移动式涂胶，涂胶结束后把工件装到其他部件处，机器人一机多用，节约设备投入成本。企业可根据不同的生产工艺和成本预算选择。

根据情况，制造部集中研究后，决定采用上述第一种方式。

为方便示教，为胶枪建立工具坐标系。利用三点法为本任务的胶枪工具标定坐标系，命名为胶枪工具，工具号为 1。

任务实施

一、确定工件坐标系的方向

由于车身为曲面工件，为了方便进入下一道工序，将其倾斜放置在特定的斜面台上，并用夹具固定。为了示教方便，工件坐标系平面与车身的切面平行，即与斜面台平行，如图 4-8 所示。

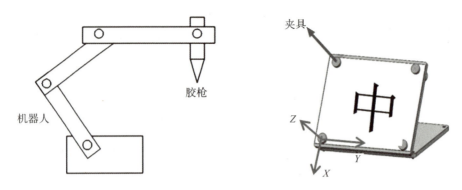

图 4-8　涂胶工作站示意图

二、建立涂胶工作站的工件坐标系

在编程定点时，为了快速移动机器人到各个规划点，往往定义工具坐标和工件坐标来辅助示教。可在图 4-9(a)所示位置处来切换坐标。根据图 4-8 确定工件的方向，按照以下步骤建立车身 LOGO 涂胶定点时的工件坐标系。

步骤一，点击"主菜单"→"投入运行"→"测量"→"用户工件标定"，进入图 4-9(b)所示的工件标定界面。

步骤二，为标定工件设置名称(如涂胶工件)，选择工件号(0～15，以工件坐标 1 为例)，选择"3 点法"标定，点击"开始标定"，进入图 4-9(c)所示界面。

步骤三，在关节坐标系或世界坐标系下，将胶枪移动到斜面工作台的左上角顶点，将光标定位到"原点"栏，点击"获取坐标"，记录工件坐标原点如图 4-19(d)所示。

步骤四，将光标定位到"X 方向"栏，将坐标切换到世界坐标系下，按照预定义的 X 方向至少移动 250 mm，点击"获取坐标"，记录 X 轴正方向。

步骤五，先让机器人回到坐标原点，将光标移动到"原点"栏，点击"运动到点"，如图 4-9(d)所示，然后移动光标到"Y 方向"栏，将坐标切换到世界坐标系下，按照预定义的 Y 方向至少移动 250 mm，点击"获取坐标"，记录 Y 轴正方向。

步骤三至步骤五的操作确定工件坐标系 X、Y 轴的正方向。用户示教完毕，就会得到图 4-9(e)所示的结果。

步骤六，点击"标定"，出现标定成功提示，如图 4-9(f)所示。

步骤七，点击"主菜单"→"变量列表"→"测量"，查看 UF[1]的值，如图 4-9(g)所示。其中 X、Y、Z 的值代表工件坐标系相对于机器人世界坐标系的偏移值，A、B、C 的值代表工件坐标系相对于机器人世界坐标系的旋转量。

项目4 工业机器人斜面涂胶单元操作与编程

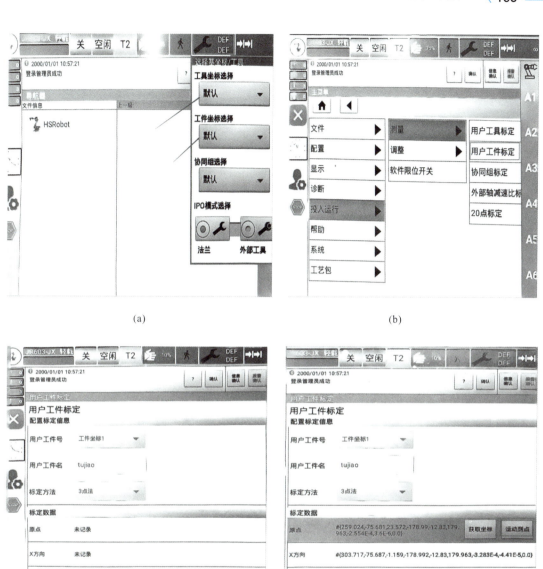

图 4-9 工件坐标系标定过程

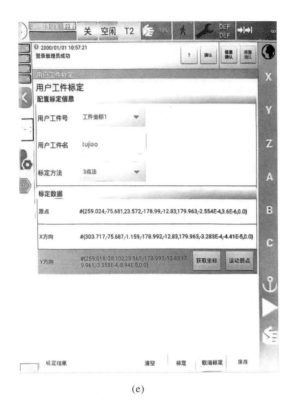

(e)

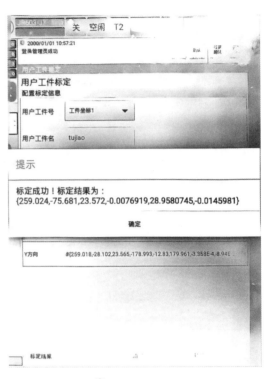

(f)

(g)

图 4-9 工件坐标系标定过程（续）

示教过程中,激活工件坐标系的方法参照任务分析中工件坐标系的验证方法。首先利用图 4-9(d)所示方式,将机器人置于坐标原点处,然后切换到标定好的工件坐标系,示教器分别沿着 X、Y、Z 方向,用表 4.1 所示的方法观察,看是否与预设的方向一致。

表 4.1 验证工件坐标系时的现象

按键	在默认工件坐标系下的现象	在标定工件坐标系下的现象
−X	机器人胶枪向世界坐标系 X 轴的正方向水平移动	机器人胶枪向工件坐标系 X 轴的负方向水平移动
+X	机器人胶枪向世界坐标系 X 轴的正方向水平移动	机器人胶枪向工件坐标系 X 轴的正方向水平移动
−Y	机器人胶枪向世界坐标系 Y 轴的负方向水平移动	机器人胶枪向工件坐标系 Y 轴的负方向平行移动
+Y	机器人胶枪向世界坐标系 Y 轴的正方向水平移动	机器人胶枪向工件坐标系 Y 轴的正方向平行移动
−Z	机器人胶枪向垂直水平面的负方向平行移动	机器人胶枪向 X、Y 轴确定的坐标平面的负方向平行移动
+Z	机器人胶枪向垂直水平面的正方向平行移动	机器人胶枪向 X、Y 轴确定的坐标平面的正方向平行移动

任务评价

完成本任务的操作后,根据考证考点,请按照表 4.2 检查自己是否学会了必须掌握的内容。

表 4.2 工业机器人工件坐标标定和验证评价表

序号	鉴定评分标准	是/否	备注
1	能够理解工件标定的意义及应用		
2	能够根据工件建立合适的工件坐标系		
3	激活并验证新建的工件坐标系		
4	能根据工件标定过程,整理操作文档		

任务训练

(1)在工件标定的过程中,如果显示标定失败,应该如何查找故障?

(2)制造部经理指派你为一批公司新来的工程师做培训,请你制作培训文档和幻灯片,指导他们如何进行工件标定和验证。

故障判断

【故障现象】使用直接输入法建立用户坐标系后,发现与前一次的方向不一样。

使用直接输入法建立用户坐标系时,若机器人的零点重新标定时与原来的零点存在偏差,则用直接法输入建立的用户坐标系就有偏离用户预定的坐标方向和原点的可能。因此,直接输入法适用于建立没有进行过零点标定的坐标系。

任务 2　工业机器人斜面涂胶单元示教编程

学习目标

(1)能够根据工件特征使用用户工件坐标系,工具坐标系进行快速示教定点,完成示教编程。

(2)能够合理规划涂胶路径,实现最优执行效率。

(3)能根据涂胶工艺要求,完成示教编程以及涂胶程序的编写。

任务描述

在前期完成涂胶工作站的工件标定之后,作为涂胶项目的负责人,公司要求你完成设备安装、接线及调试,根据试验确定涂胶机参数和机器人涂胶时的运动速度,合理规划机器人涂胶路径,并完成涂胶编程,喷涂过程不能出现断胶、起皱及明显不均匀的胶路。

工业机器人斜面涂胶单元的仿真操作

任务分析

一、认识涂胶机器人

1. 涂胶机器人的分类

国内外的涂胶机器人大多数从构型上仍采取与通用工业机器人相似的5或6自由度串联关节式机器人,在其末端加装自动喷枪。按照手腕构型划分,涂胶机器人主要有球型手腕涂胶机器人和非球型手腕涂胶机器人,如图4-10所示。

采用球型手腕的涂胶机器人多为紧凑型结构,其工作半径为0.7~1.2 m,主要用于小型工件的涂胶。

而非球型手腕机器人相对于球型手腕机器人来说更适合涂胶作业,根据相邻轴线的位置关系又可分为正交和斜交两种。

(a)球型手腕涂胶机器人　　　　(b)非球型手腕涂胶机器人

图 4-10　涂胶机器人分类

2. 涂胶机器人的特点

作为一种典型的涂装自动化装备,涂胶机器人与传统械涂胶相比,具有以下优点:

(1)显著提高涂料的利用率、降低涂胶过程中的 VOC(volatile organic compounds,挥发性有机化合物)排放量;

(2)显著提高喷枪的运动速度,效率显著高于传统的机械涂胶;

(3)柔性强,能够适应多品种、小批量的涂胶任务;

(4)能够精确保证涂胶工艺的一致性,获得较高质量的产品;

(5)与高速旋杯经典涂胶站相比可以减少大约 30%~40% 的喷枪数。

3. 涂胶机器人系统组成

如图 4-11 所示,机器人涂胶系统主要由机器人控制系统、示教器、供胶系统、防爆吹扫系统、操作机、自动喷枪等部分组成。

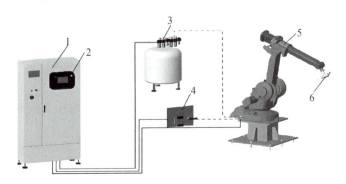

1—机器人控制系统;2—示教器;3—供胶系统;4—防爆吹扫系统;5—操作机;6—自动喷枪/旋杯。

图 4-11　机器人涂胶系统

4. 涂胶工艺

机器人涂胶是用特制胶枪,将压缩空气充入储存筒,将流体压进与活塞室相连的进给管中,当活塞处于上冲程时,活塞室中填满流体,当活塞向下推进滴胶针头时,流体从针嘴压出,将胶液喷涂到粘接表面上。涂胶注意事项如图 4-12 所示。

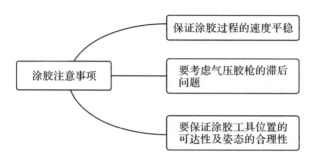

图 4-12　涂胶注意事项

二、任务简化

任务中实现在车身处对 LOGO"中国制造"的涂胶操作。此处简化为以"中"字为例,利用喷涂工具对斜面上的工件进行涂胶操作,如图 4-13 所示。

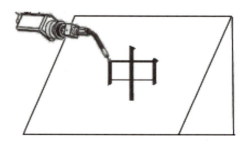

图 4-13　任务简化图

三、本任务的程序设计步骤

1. 规划机器人的涂胶轨迹

由于车身是曲面工件,"中"字两边位置带有弧度,其余可以看作直线形状,为了提高运行效率,满足工艺且不设置多余点,设点的定位点如图 4-14 所示。

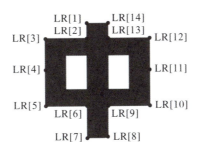

图 4-14 涂胶路径规划

2. 机器人的I/O信号规划和数据存储

在本任务中,机器人I/O信号分配如表 4.3 所示。

表 4.3 机器人 I/O 信号分配

I/O 信号	功能
DO[18]=ON	打开胶枪
DO[12]=OFF	关闭胶枪

根据图 4-14 所示本任务的路径规划,机器人需要示教 14 个点位,此机器人的数据存储规划如表 4.4 所示。

表 4.4 机器人涂胶任务数据规划表

点位	名称	点位	名称
机器人原点	JR[0]	目标点 7	LR[7]
安全高度点	LR[0]	目标点 8	LR[8]
涂胶起点 1	LR[1]	目标点 9	LR[9]
目标点 2	LR[2]	目标点 10	LR[10]
目标点 3	LR[3]	圆弧过渡点 11	LR[11]
圆弧过渡点 4	LR[4]	目标点 12	LR[12]
目标点 5	LR[5]	目标点 13	LR[13]
目标点 6	LR[6]	目标点 14	LR[14]

3. 工艺流程图

车身 LOGO 自动涂胶的工艺流程:上件→夹紧→自动涂胶→晾干→进入安装环节。从机器人控制系统的控制逻辑看,完成一次涂胶的操作过程,其详细的工艺流程如图 4-15 所示。

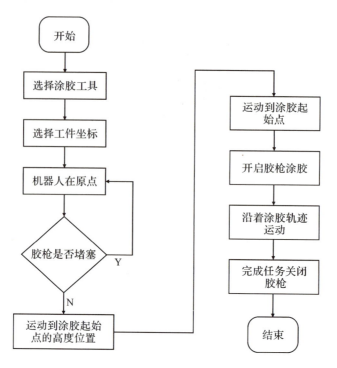

图 4-15 涂胶工艺流程

任务准备

在任务实施之前,需要根据工艺要求调整设备参数,以免影响涂胶的质量。

1. 打胶泵输出压力对出胶速度的影响

打胶泵的结构大同小异,图 4-16 所示是其中一款打胶泵。打胶泵是一种比率泵,它把空气压缩机输出的空气作为输入,根据比例放大后输出。一般输入空气压力在 4～5 bar(0.4～0.5 MPa)。

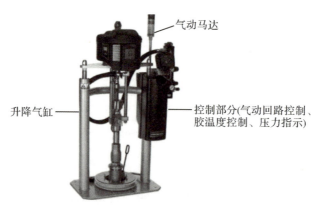

图 4-16 打胶泵

2. 胶管加热温度控制

胶对温度的变化比较敏感,温度不够时胶比较黏稠、出胶困难、胶厚度难以控制。胶管加热温度一般设定在冬天 30~35 ℃,夏天 25~30 ℃。现在的胶管加热普遍采用温控器,控制精度把握得较好。一些无尘车间在夏天会采用空调降温,要注意空调的温度应调整到 25~26 ℃,空调温度过低会影响胶管的恒温控制。外围环境因素是引起胶型褶皱、密封效果不好的原因之一。

任务实施

根据 I/O 信号及数据存储规划,按照涂胶任务的工艺流程,编写本任务的参考程序,如表 4.5 所示。

工业机器人斜面涂胶单元示教编程(实操)

表 4.5 涂胶参数程序

行数	程 序	备 注
1	UTOOL_NUM=1	涂胶工具号 1
2	UFRAME_NUM=1	工件坐标 1
3	J JR[0]	运动到原点
4	J LR[0]	涂胶起始高度点
5	L LR[1]	运动到起始点
6	WAIT TIME=500	延时 0.5 s
7	DO[18]=ON	打开胶枪
8	L LR[2]	运动到目标点 2
9	L LR[3]	运动到目标点 3
10	C LR[4] LR[5]	经过目标点 4 到目标点 5 做圆弧运动
12	L LR[6]	运动到目标点 6
13	L LR[7]	运动到目标点 7
14	L LR[8]	运动到目标点 8
15	L LR[9]	运动到目标点 9
16	L LR[10]	运动到目标点 10
17	C LR[11] LR[12]	经过目标点 11 到目标点 12 做圆弧运动

续表

行数	程 序	备 注
18	L LR[13]	运动到目标点 13
19	L LR[14]	运动到目标点 14
20	L LR[1]	运动到起始点
21	WAIT TIME=500	延时 0.5 s
22	DO[18]=OFF	关闭胶枪
23	J LR[0]	涂胶起始高度点
24	J JR[0]	运动到原点

当涂胶设备由停机转为开启时,要确保周围环境安全,确保设备处于正常状态下再启动机器人。按照涂胶机使用规范,梳理涂胶工作站的开机流程,形成文件,如表 4.6 所示。

表 4.6 开机流程

序号	工作内容	关键点
1	启动空气压缩机,开启主管道气阀	检查是否有报警、储气罐压力是否正常
2	开启喷胶机,关注有没有异响,检查喷胶机输入输出仪表压力	调节输入空气压力在 0.4 MPa 左右,若喷胶机的输入输出比率为 55∶1,则出胶压力为 22 MPa(220 bar)
3	检查胶桶中原料是否充足	原料低于下限会影响出胶质量
4	检查加热器温度设置是否正常	冬天 30~35 ℃,夏天 25~30 ℃
5	检查喷胶是否有堵塞现象	若喷嘴堵塞,需拆下清理堵塞的余胶,严重的需要更换整个喷嘴
6	检查胶路是否有泄漏,确保机器人工作环境正常后再开机	查看密封片是否循环或管道螺母是否拧紧

任务评价

完成本任务的操作后,根据考证考点,请按照表 4.7 检查自己是否学会了考证必须掌握的内容。

表 4.7　工业机器人涂胶单元示教编程评价表

序号	鉴定评分标准	是/否	备注
1	能够按照任务需求正确进行路径规划		
2	能根据路径规划进行合理的数据存储规划		
3	能规范绘制工艺流程图		
4	能根据工艺流程图,规范地编写本任务的程序		
5	能正确处理示教编程过程中出现的错误和警告信息		

任务训练

(1)制造部下发任务:在完成LOGO"中国制造"涂胶的基础上,在末尾添加红色五角星,并合理规划机器人涂胶路径,并完成红色五角星的涂胶编程。

(2)机器人在涂胶过程中,总是出现涂胶不均匀的情况,应该如何处理?

> ※工程技巧
>
> 　　涂胶枪的调节:先逆时针方向调节调压阀来降低气压,再顺时针方向调节调压阀来增大气压,直到取得合适的气压。

在机器人涂胶过程中,胶枪常见问题见表4.8,可从现象到本质,采用排除法逐一排除故障。

表 4.8　自动胶枪常见故障及解决方法

现象	故障原因	解决方法
胶枪不能出胶	胶枪空气连接处漏气 胶堵塞了胶嘴	重新拧紧漏气处螺母,插紧气管 清理胶枪
胶枪漏气	空气接头松 胶枪密封圈损坏	上紧接头处螺母 更换密封圈
胶枪前部漏胶	密封垫损坏 胶枪内部堵塞	更换密封垫 清洗胶枪内部
枪身漏胶	密封垫没安装好 密封垫老化	重新安装密封垫 更换密封垫

任务 3　工业机器人斜面涂胶程序调试与优化

学习目标

(1) 能够运用工件坐标系的方法来解决多工位问题,提高工作效率。
(2) 能够根据新工艺要求梳理控制逻辑和修改程序。
(3) 能够运用机器人模块化编程的方法来进一步优化程序。

任务描述

为精益求精提升效能,公司要求 LOGO 涂胶工作站的涂胶生产节拍提高 3~5 s。一个机器人能够进行多工位操作,从而减少工件的切换时间,提高工作效率,并在保障安全的前提下,把涂胶轨迹程序进行修改并在手动单步、手动连续模式进行调试。为了防止程序被其他人修改,调试结束后设置密码和写保护。

工业机器人斜面涂胶
单元调试与优化(实操)

任务分析

一、认识机器人赋值指令

华数机器人的赋值指令分为寄存器操作、坐标系调用、全局参数三类。

1. 寄存器操作

华数工业机器人共有五种寄存器类型,分别是 UT、UF、R、JR、LR。

UT 寄存器是工具坐标系变量,如图 4-17 所示,用于保存工具坐标的信息,有 16 个(即可以保存 16 个工具坐标)。工具坐标系标定成功完成后,在 UT 寄存器列表中点击对应名称,就可看到标定后的信息。

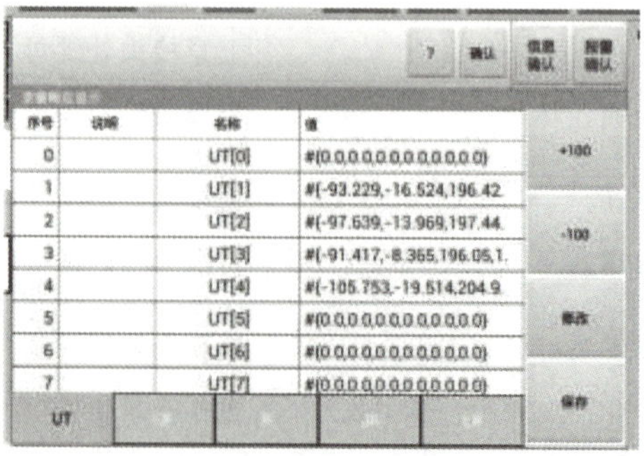

图 4-17　UT 寄存器

UF 寄存器是工件坐标系变量,如图 4-18 所示,用于保存工件坐标系的信息,有 16 个。工件坐标系标定成功完成后,在 UF 寄存器列表中,点击对应名称,就可看到标定后的信息。

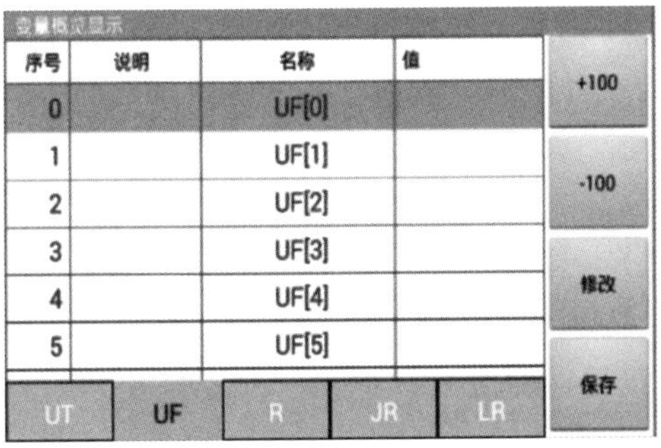

图 4-18 UF 寄存器

R 寄存器是数据寄存器,如图 4-19 所示。用户要保存数据,可以在程序中对 R 寄存器赋值(使用指令 R[X]=×××即可),也可以选中对应的 R 寄存器,然后点击"修改",在"值"选项中填入相关数值,最后点击"确定"。

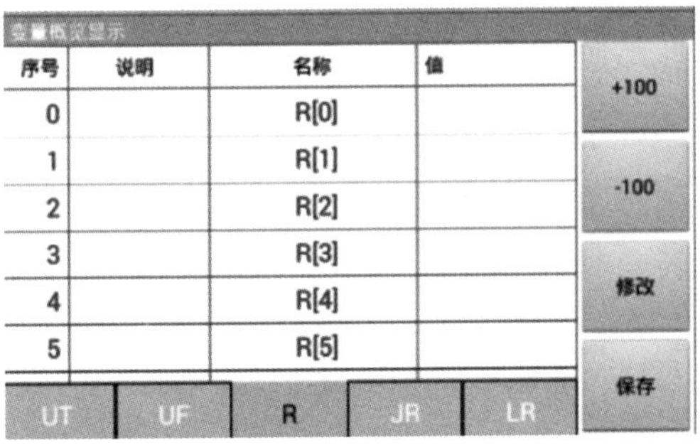

图 4-19 R 寄存器

JR 寄存器是关节型坐标寄存器,可以保存各个关节的坐标信息。LR 寄存器是笛卡儿型坐标寄存器,能记录机器人的笛卡儿位置信息。

以华数Ⅲ型机器人为例,对于以上寄存器的操作,可以使用如下指令:

```
R[1]= 0                //直接赋值
JR[1]= JR[0]           //JR 寄存器赋值
LR[1]= LR[0]           //LR 寄存器赋值
JR[1]= P[1]            //以 P 寄存器对 JR 寄存器赋值
JR[1][0]= JR[1][1]     //将 JR 的 J2 轴的关节坐标值,赋值给 JR 的 J1 轴
LR[1][R[1]]= R[2]      //将 R[2]的值赋值给 LR[1]第 R[1]个值
```

2. 坐标系调用

以华数Ⅲ型机器人为例,对于坐标系的操作可以使用如下指令:

```
UTOOL_NUM= 0   //工具坐标系赋值
UFRAME_NUM= 0  //工件坐标系赋值
```

3. 全局参数

对于全局参数的操作如下:

```
J_VEL= 50    //关节运动速度赋值
L_VEL= 50    //直线运动赋值
```

二、提升生产节拍的切入点

要提高本任务的生产效率,首先可以从提高涂胶的生产节拍入手,这就需要针对机器人运行和外围设备参数调节发起挑战。具体可以从以下两个方面切入:

(1)可以将喷胶泵输入的空气压力适当提高,可以从上次任务的 0.4 MPa 提升至 0.45 MPa。由于车间的用气量较大,而空气压缩机仅在储气罐低于设定下限时才自动启动增加储气量,气路的压力波动比较明显,因此喷胶泵的输入空气压力不能调得太大。

(2)将涂胶轨迹的运动速度从 500 mm/s 提高到 550 mm/s,机器人涂胶轨迹速度要配合喷胶速度来调节。同时,要观察转角处的过渡效果,根据实际调整加速度 ACC,重点观察机器人运动速度增大后过渡半径(转角)处的路径有没有超出涂胶范围。

三、多工位操作,减少工件切换时间

虽然提升生产节拍一定程度上提高了生产效率,但是如果想达到任务要求的时间,还需要增加生产工位,节约工件切换和示教编程时间。在本任务当中,如图 4-20 所示,可以通过工件坐标系切换的方式来实现不同工位间对 LOGO 的涂胶,完成示教轨迹的偏移,而不需要对每个工位进行示教及重新编程,具体操作如下。

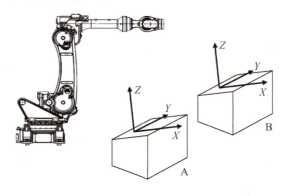

图 4-20 涂胶任务简化图

1. 工件标定

(1)工件标定 A:按照三点标定法,以图 4-20 中所示的方向在斜面工位 A 上建立第一个 LOGO 的工作坐标系,命名并保存为工件坐标 1。

(2)工件标定 B:按照同样的方法,在图 4-20 中斜面工位 B 上,以相同的方向,在对应的位置处建立第二个 LOGO 的工作坐标系,命名并保存为工件坐标 2。

2. 轨迹规划

机器人拾取涂胶工具后,运行到工位 A 涂胶的起始点的上方,再运行到绘图起始点及 LOGO 的其他目标点,然后回到涂胶起始点的上方,回到原点,之后通过工件坐标系切换,对工位 B 上的 LOGO 进行绘制。

3. 优化后的工艺流程图

根据上述轨迹规划,优化后的工艺流程图如图 4-21 所示。

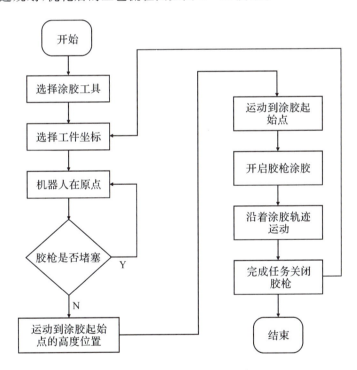

图 4-21 优化工艺流程图

任务准备

在任务实施之前,需要对机器人进行保护功能设置,防止其他人随意对程序进行修改。具体设置方法如下:

(1)选中要保护的程序,在"更多"选项中,选择"锁定"选项,如图 4-22 所示。

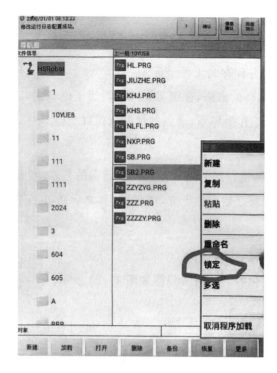

图 4-22 进入程序保护界面

(2)进入锁定界面,选择"锁定"选项,点击"锁定",如图 4-23 所示。

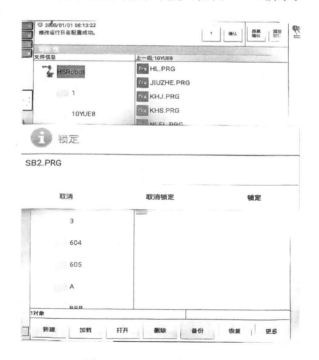

图 4-23 进入程序锁定界面

（3）进入输入密码界面，输入设置的密码，点击"确定"。再次打开程序需要输入设定的密码，如图 4-24 所示。

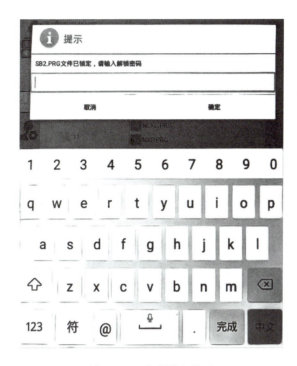

图 4-24 密码输入界面

任务实施

根据任务要求和工艺流程，可以将任务分解为主程序和涂胶子程序，子程序可以参考本项目任务二中的程序，子程序当作一个模块被主程序调用。

主程序的参考程序如表 4.9 所示。

表 4.9 主程序

行号	程 序	说 明
1	UTOOL_NUM=1	涂胶工具号
2	UFRAME_NUM=1	工件标定号 1
3	CALL TUJIAO	调用涂胶子程序
4	UFRAME_NUM=2	工件标定号 2
5	CALL TUJIAO	调用涂胶子程序

TUJIAO 子程序编写参照表 4.10。

表 4.10 TUJIAO 子程序

行数	程 序	备 注
1	UTOOL_NUM=1	涂胶工具号 1
2	J JR[0]	运动到原点
3	J LR[0]	涂胶起始高度点
4	L LR[1]	运动到起始点
5	WAIT TIME=500	延时 0.5 s
6	DO[18]=ON	打开胶枪
7	L LR[2]VEL=50 ACC=50	运动到目标点 2
8	L LR[3]VEL=50 ACC=50	运动到目标点 3
9	C LR[4] LR[5] VEL=50 ACC=50	经过目标点 4 到目标点 5 做圆弧运动
10	L LR[6] VEL=50 ACC=50	运动到目标点 6
11	L LR[7] VEL=50 ACC=50	运动到目标点 7
12	L LR[8] VEL=50 ACC=50	运动到目标点 8
13	L LR[9] VEL=50 ACC=50	运动到目标点 9
14	L LR[10]VEL=50 ACC=50	运动到目标点 10
15	C LR[11] LR[12] VEL=50 ACC=50	经过目标点 11 到目标点 12 做圆弧运动
16	L LR[13] VEL=50 ACC=50	运动到目标点 13
17	L LR[14] VEL=50 ACC=50	运动到目标点 14
18	L LR[1] VEL=50 ACC=50	运动到起始点
19	WAIT TIME=500	延时 0.5 s
20	DO[18]=OFF	关闭胶枪
21	J LR[0]	涂胶起始高度点
22	J JR[0]	运动到原点

编写完成程序之后,进行程序的调试,具体过程如下:

(1)先在手动单步模式下以 30% 的速度运行程序,观察机器人涂胶轨迹是否顺畅,喷头离工件高度 1~1.5 cm。单步模式可以方便地观察每段运动轨迹的情况。

(2)在手动连续模式下以 100% 的速度运行程序,观察机器人是否报警或过渡半径是否过大。

任务评价

完成本任务的操作后,根据考证考点,请按照表 4.11 检查自己是否学会了考证必须掌握的内容。

表 4.11　工业机器人涂胶单元调试与优化评价表

序号	鉴定评分标准	是/否	备注
1	能够根据工件特征建立用户坐标系		
2	能够设置写保护,防止程序被恶意修改		
3	能够熟练利用模块化的思想编写程序		
4	能根据工艺流程图,规范地编写本任务的程序		
5	能正确处理示教编程过程中出现的错误和警告信息		

任务训练

(1)制造部下发任务:进一步提高生产效率,使机器人能够完成 3 个工位的涂胶。程序应如何升级优化?

(2)在工件标定的时候,对 A、B 工位标定的原点相同,但方向不同,观察其运行结果。

> ※ 工程技巧
>
> 局部变量 P 的使用:在定点时,机器人原始位置的位置数据存入的 JR[0](直接输入法),或者将一些点位数据比如涂胶目标点存入到 LR[ ]寄存器当中,主程序或者子程序都可以使用 JR 还有 LR 位置的数据。在华数机器人当中,P[I]时局部变量,JR 和 LR 是全局变量。同一个局部变量在不同程序中可以存储不同的值;同一个全局变量在不同程序中的值是一样的。

项目 5　工业机器人码垛单元操作与编程

项目描述

随着我国电子商务迅速发展,订单数量急速增长,为了解决这个问题,J企业建立了全流程智能无人仓,占地 4 万 m^2,配备了 3 种不同型号的六轴机械臂,应用在入库装箱、拣货、混合码垛、分拣 4 个场景中。你作为工程部工程师,公司让你负责码垛工作站的建设,包括机器人选型、任务仿真、示教编程及调试优化等,要求始终把安全放在第一位,并尽量减少建设时间,提高软件的质量。

思维导图

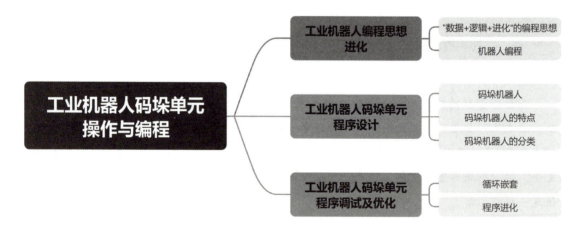

匠人匠语

码垛机器人已经成为各个行业中的重要设备之一。例如在面包、饮料生产线上,码垛机器人能够按照规定的形状和数量进行自动码垛,提高生产效率和产品质量,同时减少人工成本和降低工人的劳动强度。

码垛机器人可以应用于罐装、瓶装、纸箱、袋装等各类形状或不规则包装物的码垛、拆垛作业,具有高精度、高效率、可编程和灵活性强等优点,能

机器人码垛应用案例

够快速、准确地完成码垛作业,提高生产效率和降低劳动强度。它们可以替代大量的人工,减少人工成本支出,提高企业的办事效率。

科技改变生活,科技才能兴国,我们要紧跟时代脉搏,争做大国工匠。

任务 1　工业机器人编程思想进化

学习目标

(1) 掌握工业机器人的编程思想——"数据＋逻辑＋进化";
(2) 掌握使用华数机器人进行单体搬运程序进化。

任务描述

为了节约成本、缩短时间,加快完成码垛工作站的建设,作为码垛工作站项目负责人,公司要求你采用经典的编程思想,提高软件质量,在前期搬运项目的基础上,提高程序的复用性和可移植性。

任务分析

一、"数据＋逻辑＋进化"的编程思想

1. 数据

数据是对客观事物的性质、状态以及相互关系等进行记载的物理符号,不仅仅是数字,也可以是具有一定意义的文字、图形、视频等。

2. 逻辑

逻辑是外来词,是指思维的规律和规则,就是事情的因果规律。引入"逻辑"一词,就是要建立数据之间的因果关系。

3. 进化

进化又称为演化,在生物学中是指种群里的基因在世代之间的变化。引入"进化"一词,就是要说明程序的编写要从简单到复杂,从已有的向未知的逐步迭代演化。

二、机器人编程

1. 机器人示教编程

机器人做什么运动,在什么位置完成什么工作,如图 5-1 所示。

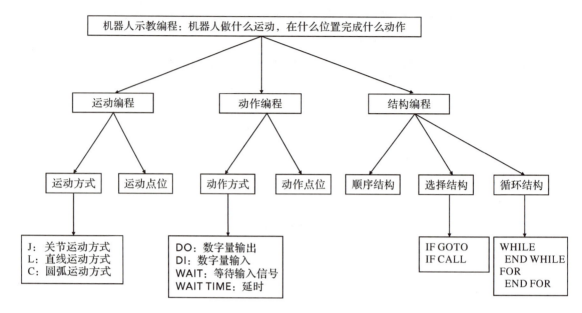

图 5-1 机器人示教编程分析图

2. 机器人编程中的数据

机器人编程的数据如图 5-2 所示。

图 5-2 机器人编程的数据图

(1) 示教点位在整个程序中，采用示教方式进行初始化，程序运行过程中不能进行修改。

(2) 常量点位通过直接修改定义得到，程序运行过程中不能修改。

(3) 计算点位由示教点位和常量点位及循环变量等计算得到，属于临时变量，在程序运行过程中会发生变化。

(4) 子程序点位是在编写子程序时使用的点位，不能与示教点位重合。在子程序调用之前，必须对子程序点位进行赋值，通常子程序点位由计算点位赋值。

3. 机器人编程中的逻辑

编程的逻辑思想要基于自顶向下、逐步求精、分而治之的原则。以码垛为例，这个任务目标分解来看就是一个一个物块的搬运，然后按照一定规律去堆码成一个形状，所以可以将整个码垛任务自顶向下分解成单体的搬运任务，如图 5-3 所示。

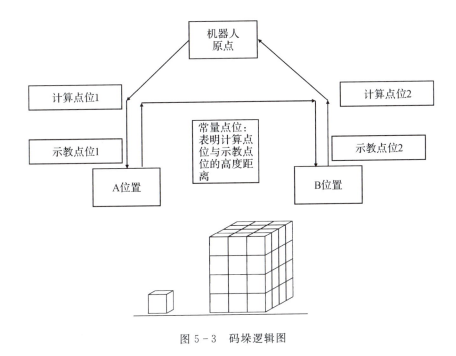

图 5-3 码垛逻辑图

以将工件从 A 位置搬运到 B 位置为例,说明逻辑的建立。

首先是数据的规划与存储:

①机器人原点:JR[0];

②示教点位:取料点 LR[100],放料点 LR[101];

③常量点位:抬起高度 LR[150](输入);

④I/O 点位:DO[10],吸盘工具开与关。

其次是编程中的逻辑关系:

①点位逻辑关系:运动有先后,先到达哪里,然后经过哪里到达哪个点位,就是要建立的逻辑关系。

②I/O 逻辑关系:在什么位置要进行什么操作,就是 I/O 的逻辑的关系。如吸盘在机器人末端到达示教点位 1 之后,才能打开。

任务实施

我们以单体搬运为例,来看不同编程思想对于解决问题的影响。

1. 主程序搬运

```
J JR[0]
LR[110]= LR[100]+ LR[150]
LR[120]= LR[101]+ LR[150]
```

```
J LR[110]
L LR[100]
WAIT TIME= 500
DO[10]= ON
WAIT TIME= 500
L LR[110]
J LR[120]
L LR[101]
WAIT TIME= 500
DO[10]= OFF
WAIT ITME= 100
L LR[120]
J JR[0]
```

若将该段程序保存为 MVONE.PRG,并且示教点位 LR[100] 和 LR[101],修改保存常量点位 LR[150],则该程序可以独立运行,为主程序搬运。

2. 进化一:主程序直接调用子程序搬运

定义主程序为 MAIN1.PRG,其程序内容为:

```
CALL "MVONE"
```

运行 MAIN1.PRG,表明主程序调用子程序,正常实现搬运。

3. 进化二:主程序赋值子程序点位调用子程序搬运

定义主程序为 MAIN2.PRG,其程序内容为:

```
LR[100]= LR[30]
LR[101]= LR[31]
CALL "MVONE"
```

运行 MAIN2.PRG,表明主程序调用子程序,示教点位保存在 LR[30] 和 LR[31] 中,这里实现了子程序点位在主程序中赋值,也就是带参调用子程序。

三段程序体现了三种不同的编程思想:

(1) MVONE.PRG 程序只实现了工作任务;

(2) MAIN1.PRG 程序实现了模块化编程中子程序的概念,在主程序调用,可以随时取消,提高了修改机器人流程的效率;

(3) MAIN2.PRG 程序实现了模块化编程的概念,实现了带参数子程序的调用,模块的通用性更强。

任务 评价

完成本任务的操作后,根据考证考点,请按照表 5.1 检查自己是否学会了考证必须掌握的内容。

表 5.1 码垛平台安装和验证评价表

序号	鉴定评分标准	是/否	备注
1	能够根据码垛物料正确选取合适的码垛工具		
2	能正确安装码垛工具,机器人在运行时工具无抖动		
3	能明确不同的编程思想实现的编程方法		
4	能进行简单的码垛示教及优化编程		

任务 2　工业机器人码垛单元程序设计

学习目标

(1)了解码垛机器人的应用、优点及其分类;
(2)熟悉循环指令的应用;
(3)能够进行码垛机器人的程序编写及优化。

任务 描述

在完成码垛任务的仿真操作之后,公司要求你以自顶向下、分而治之的编程思想为指导原则,完成在实际的生产线上码垛任务的示教编程,要求码垛机器人在整个码垛过程中动作稳定、路径合理,码垛要整齐。

工业机器人码垛单元示教编程

任务 分析

一、码垛机器人

1. 码垛工艺

码垛机器人是用在工业生产过程中执行大批量工件、包装件的获取、搬运、码垛、拆垛等任务的一类工业机器人,是集机械、电子、信息、智能技术于一体的高新机电产品。作为工业机器人的一员,码垛机器人的结构、形式与其他机器人类似,尤其是与搬运机器人在本体结构上并无太大区别。

由于码垛机器人在作业时需要码垛较大的物体,在实际生产中码垛机器人多为四轴结构且带有辅助连杆(辅助连杆可以增加力矩和起平衡作用)。码垛机器人通常安装在物流线的末端。如图5-4所示为码垛机器人的两种工位布局。

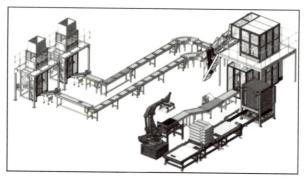

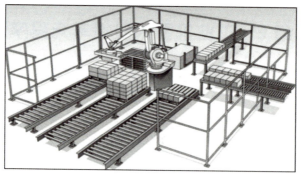

图5-4 码垛机器人的工位布局

2. 码垛机器人的特点

码垛机器人具有作业高效、码垛稳定等优点,可将工人从繁重的体力劳动中解放,已在各个行业的包装物流线中发挥强大作用。其主要优点有:

(1)占地面积少,动作范围大,减少工厂资源浪费。

(2)能耗低,降低运行成本。

(3)提高生产效率,释放繁重体力劳动,实现"无人"或"少人"码垛。

(4)改善工人劳作条件,摆脱有毒、有害环境。

(5)柔性高、适应性强,可实现不同物料码垛。

(6)定位准确,稳定性高。

3. 码垛机器人的分类

常见的码垛机器人结构有关节式码垛机器人、摆臂式码垛机器人和龙门式码垛机器人等。

(1)关节式码垛机器人。关节式码垛机器人拥有 4~6 个轴,行为动作类似于人的手臂,具有结构紧凑、占地空间小、相对工作空间大、自由度高等特点,适合于几乎任何轨迹或角度的工作,如图 5-5 所示。

图 5-5 关节式码垛机器人

关节式码垛机器人常见本体多为 4 轴,亦有 5、6 轴码垛机器人,但在实际包装码垛物流线中 5、6 轴码垛机器人相对较少。目前常见的关节式码垛机器人型号见图 5-6。

ABB IRB 660　　　KUKA KR 700 PA　　　FANUC M-410iB　　　YASKAWA MPL80

图 5-6 码垛机器人

(2)摆臂式码垛机器人。其坐标系主要由 X 轴、Y 轴和 Z 轴组成,广泛应用于国内外生产厂家,是关节式机器人的理想替代品,但其负载程度相对于关节式机器人小,如图 5-7 所示。

图 5-7 摆臂式码垛机器人

(3)龙门式码垛机器人。多采用模块化结构,可依据负载位置、大小等选择对应直线运动单元及组合结构形式,可实现大物料、重吨位搬运和码垛,采用直角坐标系,编程方便快捷,广泛运用于生产线转运及机床上下料等大批量生产过程,如图5-8所示。

图5-8 龙门式码垛机器人

4. 码垛机器人的组成

码垛机器人主要由操作机、控制系统、码垛系统(气体发生装置、液压发生装置)和安全保护装置组成,如图5-9所示。

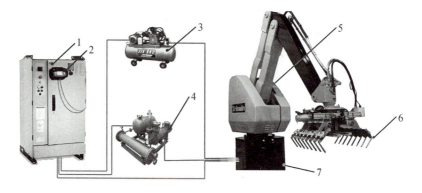

1—机器人控制柜;2—示教器;3—气体发生装置;4—真空发生装置;
5—操作机;6—抓取式爪;7—机座。

图5-9 码垛机器人的系统组成

5. 末端执行器

码垛机器人的末端执行器(手爪)是夹持物品移动的一种装置,其原理结构与搬运机器人类似,常见形式有吸附式、夹板式、抓取式、组合式等。

(1)吸附式手爪。吸附式手爪主要为气吸附,如图5-10所示,广泛应用于医药、食品、烟酒等行业。

图 5-10 吸附式手爪

通常在保证相同夹紧力情况下,气动手爪比液压手爪负载轻、卫生、成本低、易获取,故实际码垛中以压缩空气为驱动力的居多。

(2)夹板式手爪。夹板式手爪是码垛过程中最常用的一类手爪,常见的夹板式手爪有单板式和双板式,如图 5-11 所示。夹板式手爪主要用于整箱或规则盒码垛。

(a)单板式　　　　　　　　　　　　(b)多板式

图 5-11 夹板式手爪

(3)抓取式手爪。抓取式手爪可灵活适应不同形状和内含物(如大米、沙砾、塑料、水泥、化肥等)物料袋的码垛,如图 5-12 所示。

图 5-12 抓取式手爪

(4)组合式手爪。组合式手爪是通过组合以获得各单组手爪优势的一种手爪,如图 5-13 所示。组合式手爪灵活性强,各单组手爪之间既可单独使用又可配合使用,可同时满足多个工位的码垛。

图 5-13 真空吸取式+抓取式组合手爪

二、物品的码垛

码垛是指将物品整齐、规则地摆放成货垛的作业。在物品码放前要结合仓储条件做好准备工作,在分析物品的数量、包装、清洁程度、属性的基础上,遵循合理、牢固、定量、整齐、节约、方便等方面的基本要求,进行物品码放。

1. 托盘码垛的优缺点

托盘是用于集装、堆放、搬运和运输中放置作为单元负荷的物品和制品的水平平台装置。托盘有供叉车从下部插入并将台板托起的插入口。

(1)托盘的主要优点:

①搬运或出入库场都可用机械操作,减少货物码垛作业次数,从而有效提高运输效率、缩短货运时间。

②以托盘为运输单位,货运件数变少,体积、重量变大,而且每个托盘所装数量相等,既便于点数、理货交接,又可以减少货损、货差事故。

③自重量小,因而可用于装卸、运输。托盘本身所消耗的劳动强度较小,无效运输及装卸负荷相对也比集装箱小。

④空返容易,空返时占用运力很少。由于托盘造价不高,又很容易互相代用,所以无须像集装箱那样必须有固定归属者。

(2)托盘的主要缺点:

①回收利用组织工作难度较大,会浪费一部分运力。

②托盘本身占用一定的仓容空间。

2. 托盘分类

按托盘的结构不同,常见的托盘有平托盘、箱形托盘和柱形托盘 3 种。

(1)平托盘。平托盘由双层板或单层板另加底脚支撑构成,无上层装置,在承载面和支撑面间夹以纵梁,可以集装物料,也可以使用叉车或搬运车等进行作业。

(2)箱形托盘。箱形托盘以平托盘为底,上面有箱形装置,四壁围有网眼板或普通板,顶部可以有盖或无盖。它可用于存放形状不规则的物料。

(3)柱形托盘。柱形托盘是在平托盘基础上发展起来的,分为固定式(四角支柱与底盘固定联系在一起)和可拆装式两种。

3. 装盘码垛

装盘码垛是指在托盘上装放同一形状的立体形包装物品,可以采取各种交错咬合的办法码垛,这样可以保证托盘具有足够的稳定性,甚至不需要再用其他方式加固。

托盘上码放货体的方式很多,常见以下 4 种方式,如图 5-14 所示。

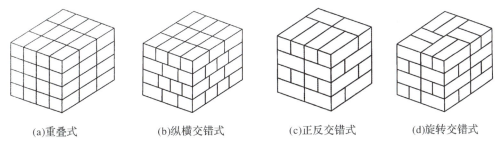

(a)重叠式   (b)纵横交错式   (c)正反交错式   (d)旋转交错式

图 5-14 托盘码垛方式

(1)重叠式。重叠式各层码放方式相同,上下对应。这种方式的优点是工具操作速度快,各层重叠之后,包装物 4 个角和边重叠垂直,能承受较大的重量。这种方式的缺点是各层之间缺少咬合,稳定性差,容易发生塌垛。在货体底面积较大的情况下,采用这种方式才可有足够的稳定性。一般情况下,重叠式码放再配以各种紧固方式,不但能保持稳定,而且装卸操作也比较省力。

(2)纵横交错式。相邻两层物品的摆放旋转 90°一层呈横向放置,另一层呈纵向放置,层间有一定的咬合效果,但咬合强度不高。这种装盘方式也较简单,如果配以托盘转向器,装完一层之后,利用转向器旋转 90°,则只用同一装盘方式便可实现纵横交错式装盘,劳动强度和重叠式码放相同。

(3)正反交错式。同一层中不同列的物品以 90°垂直码放,相邻两层的物品码放旋转 180°。这种方式类似于房屋建筑中砖的砌筑方式,不同层间咬合强度较高,相邻层之间不重缝,因而码放后稳定性很高,但操作比较麻烦,且包装体之间不是垂直面互相承受荷载,所以下部易被压坏。

(4)旋转交错式。第一层相邻的两个包装体都互为 90°,两层间的码放又相互成 180°。这样相邻两层之间咬合交叉。其优点是托盘物品稳定性高，不易塌垛；其缺点是码放难度较大，且中间易形成空穴，会降低托盘载装能力。

4. 塌垛

塌垛是物流过程中的一个较大问题。一旦出现塌垛，不但会造成物品损坏，而且还会破坏物流过程的贯通性，降低物流速度和效率。在物流过程中出现的塌垛大体有以下 4 种情况：

(1) 货体倾斜。

(2) 货体整体移位。

(3) 货体部分错位外移，部分落下。

(4) 全面塌垛。

塌垛的发生一方面是由运输工具、运输线路及路况意外事故等外部原因造成的；另一方面是由于码放不当造成的。相较而言，在不发生特殊运输事故的情况下，码垛问题是决定是否发生塌垛的重要因素。另外，包装物表面的材质也起一定的作用，表面摩擦力强的包装物较不容易发生塌垛。

5. 托盘货体的紧固

托盘货体的紧固是保证货体稳固性、防止塌垛的重要手段。托盘货体紧固方法有如下几种。

(1) 捆扎：用绳索、打包带等对托盘货体进行捆绑，以保证物品的稳固。捆扎方式有水平捆扎和垂直捆扎等。

(2) 网罩：用网盖住托盘货体，起到紧固的作用。这种方法较多应用于航空托盘的加固。

(3) 框架加固：用框架包围整个托盘货体，再用打包带或绳索捆紧，以起到稳固的作用。

(4) 中间夹摩擦材料：将摩擦系数大的片状材料，如麻包片、纸板、泡沫塑料等夹入货物夹层间，起到加大摩擦力、防止层间滑动的作用。

(5) 专用金属卡具加固：对于某些托盘货物，如果最上部可以伸入金属夹卡，则可以用夹卡将相邻的包装物卡住，以便每层物品通过金属夹卡形成一个整体，防止个别物品分离滑落。

(6) 黏合：在每层物品之间贴上双面胶，将两层物品通过胶条黏合在一起，这样可防止托盘物品在物流过程中从层间滑落。

(7) 胶带黏扎：货体用单面不干胶包装带黏捆。即使胶带出现部分损坏，由于全部贴于货物表面，也不会出现散捆。

(8) 平托盘周边垫高：将平托盘周边稍稍垫高，托盘上放置的货物会向中心互相倚靠，在物流中发生摇动、震动时，可防止层间滑动错位及货垛外倾，因而也会起到稳固的作用。

(9) 收缩薄膜加固：将热缩塑料薄膜置于托盘货体上，然后进行热缩处理，塑料薄膜收缩后，便将托盘货体紧捆成一体。这种紧固方法不但起到紧固、防止塌垛的作用，而且由于塑料薄膜不透水,还可起到防水、防雨的作用,有利于克服托盘货体不能露天放置,需要仓库的缺点,可大大扩展托盘的应用领域。

(10)拉伸薄膜加固:用拉伸塑料薄膜缠绕捆扎在货体上,当外力消除后,拉伸塑料薄膜收缩,可固紧托盘货体。

任务实施

任务实现将工件从铲车到仓库的码垛,可以简化为利用吸盘工具将三个工件从 A 位置搬运到 B 位置。

(1)明确目标点位:将工件从 A 位置搬到 B 位置,机器人码垛搬运的轨迹可以分解为 3 次单体搬运,如图 5-15 所示。

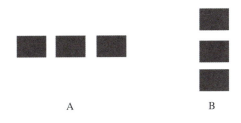

图 5-15 搬运轨迹

(2)I/O 信号数据的规划与存储,如表 5.2 和表 5.3 所示。

表 5.2 I/O 信号配置说明

I/O 信号	功能
DO[10]=ON	吸盘吸
DO[10]=OFF	吸盘松

表 5.3 程序中的变量

点位	变量
机器人原点	JR[0]
第一次取料点	LR[30]
第一次放料点	LR[31]
第二次取料点	LR[40]
第二次放料点	LR[41]
第三次取料点	LR[50]
第三次放料点	LR[51]

(3)参考程序如下(直接调用单体搬运程序):

```
MAIN1.PRG
LR[100]= LR[30]
LR[101]= LR[31]
CALL "MVONE"
LR[100]= LR[40]
LR[101]= LR[41]
CALL "MVONE"
LR[100]= LR[50]
LR[101]= LR[51]
CALL "MVONE"
```

(4)优化程序:找出程序中点位的规律,通过计算点位,用循环程序实现程序的优化。程序示例如下:

```
MAIN2.PRG
R[10]= 0
WHILE R[10]< 3
LR[100]= LR[30+ R[10]* 10]
LR[101]= LR[31+ R[10]* 10]
CALL "MVONE"
R[10]= R[10]+ 1
END WHILE
```

任务评价

完成本任务的操作后,根据考证考点,请按照表5.4检查自己是否学会了考证必须掌握的内容。

表5.4 码垛示教编程评价表

序号	鉴定评分标准	是/否	备注
1	能够理解循环指令的应用规则		
2	能灵活应用循环指令		
3	能根据要求规划码垛程序并优化		
4	能正确示教机器人完成每个工作点码垛轨迹,并编程		

训练任务

完成 6 物料的重叠式码垛,如图 5-16 所示。

图 5-16 重叠式码垛

任务 3　工业机器人码垛单元程序调试及优化

学习目标

(1)熟悉循环的嵌套;
(2)能够对码垛程序进行循环嵌套的调试优化。

任务描述

在完成简单码垛的前提下,公司要求你在保证安全生产的同时,进一步优化码垛机器人程序,减少运行时间,提高软件的质量。

任务分析

一个循环体内又包含另一个完整的循环结构,称为循环的嵌套。
(1)WHILE
　　…
　　WHILE
　　　…
　　END WHILE
　END WHILE

(2) FOR

　　…

　　FOR

　　　…

　　END FOR

END FOR

(3) FOR

　　…

　　WHILE…

　　END WHILE

END FOR

(4) WHILE

　　…

　　FOR

　　　…

　　END FOR

END WHILE

循环嵌套说明：

(1) 一个循环体必须完整地嵌套在另一个循环体内，不能出现交叉现象；

(2) 多层循环的执行顺序是最内层先执行，由内向外逐步展开；

(3) 两种循环语句构成的循环可以相互嵌套；

(4) 并列循环允许使用相同的循环变量，但嵌套循环不允许。

任务实施

任务实现将工件从铲车到仓库的码垛，可以简化为利用吸盘工具将 9 个工件从 A 位置搬运到 B 位置，如图 5-17 所示。

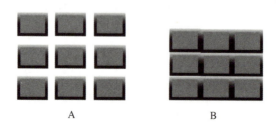

图 5-17　搬运轨迹

(1) 参考程序:采用循环 9 次搬运。

```
MAIN1.PRG
R[10]= 0
WHILE R[10]< 9
    IF R[10]< 3,GOTO LBL[1]
    IF R[10]> = 3 AND R[10]< 6,GOTO LBL[2]
    IF R[10]> = 6,GOTO LBL[3]
    LBL[1]
    LR[100]= LR[30]+ R[10]* LR[10]   //LR[10]为取料间隔
    LR[101]= LR[31]+ R[10]* LR[11] //LR[11]为放料间隔
    CALL "MVONE"
    GOTO LBL[4]
    LBL[2]
    LR[100]= LR[40]+ (R[10]- 3)* LR[10] //LR[10]为取料间隔
    LR[101]= LR[41]+ (R[10]- 3)* LR[11] //LR[11]为放料间隔
    CALL "MVONE"
    GOTO LBL[4]
    LBL[3]
    LR[100]= LR[50]+ (R[10]- 6)* LR[10] //LR[10]为取料间隔
    LR[101]= LR[51]+ (R[10]- 6)* LR[11] //LR[11]为放料间隔
    CALL "MVONE"
    LBL[4]
    R[10]= R[10]+ 1
END WHILE
```

本程序每行都进行示教,因此有 6 个示教点位。

(2) 优化程序 1:采用循环 9 次搬运。

```
MAIN2.PRG
R[10]= 0
WHILE R[10]< 9
    IF R[10]< 3,GOTO LBL[1]
    IF R[10]> = 3 AND R[10]< 6,GOTO LBL[2]
    IF R[10]> = 6,GOTO LBL[3]
    LBL[1]
```

```
        LR[100]= LR[30]+ R[10]* LR[10]   //LR[10]为取料间隔
        LR[101]= LR[31]+ R[10]* LR[11]   //LR[11]为放料间隔
        CALL "MVONE"
        GOTO LBL[4]
        LBL[2]
        LR[100]= LR[30]+ LR[20]+ (R[10]- 3)* LR[10]   //LR[20]为取料行间隔
        LR[101]= LR[31]+ LR[21]+ (R[10]- 3)* LR[11]   //LR[21]为放料行间隔
        CALL "MVONE"
        GOTO LBL[4]
        LBL[3]
        LR[100]= LR[30]+ 2* LR[20]+ (R[10]- 6)* LR[10]   //LR[10]为取料间隔
        LR[101]= LR[31]+ 2* LR[21]+ (R[10]- 6)* LR[11]   //LR[11]为放料间隔
        CALL "MVONE"
        LBL[4]
        R[10]= R[10]+ 1
    END WHILE
```

本程序只需对第一个取料点和第一个放料点进行示教,因此有 2 个示教点位。

(3)优化程序 2:采用双循环结构实现循环 9 次搬运。

```
    MAIN3.PRG
    R[10]= 0
    WHILE R[10]< 3
        R[11]= 0
        WHILE R[11]< 3
            LR[100]= LR[30]+ R[10]* LR[20]+ R[11]* LR[10]
            LR[101]= LR[31]+ R[10]* LR[21]+ R[11]* LR[10]
            CALL "MVONE"
            R[11]= R[11]+ 1
        END WHILE
        R[10]= R[10]+ 1
    END WHILE
```

本程序只需对第一个取料点和第一个放料点进行示教,因此有 2 个示教点位。又采用了循环的嵌套,大大地精简了程序段。

任务评价

完成本任务的操作后,根据考证考点,请按照表5.5检查自己是否学会了考证必须掌握的内容。

表 5.5 码垛示教编程评价表

序号	鉴定评分标准	是/否	备注
1	能够理解循环嵌套的应用规则		
2	能灵活应用循环嵌套		
3	能根据要求规划码垛程序并优化		
4	能正确示教机器人完成每个工作点的码垛轨迹,并编程		

任务训练

完成6物料的纵横交错式码垛(图5-18),料仓区每层码放方向旋转90°。

A

B

图 5-18　6物料纵横交错式码垛

知识拓展

码垛机器人和搬运机器人在功能和应用方面有一些区别,主要体现在以下几个方面。

1. 功能和任务

码垛机器人:码垛机器人主要用于将物体按照一定规则进行堆叠、码垛操作,例如将纸箱、托盘上的货物堆叠成固定模式或特定高度。

搬运机器人:搬运机器人主要用于搬运物品、装卸货物的移动操作,如从一个位置到另一个位置的物品搬运、运输。

2. 设计与结构

码垛机器人:码垛机器人通常具备固定的码垛平台或固定的工作区域,通过机械臂、吸盘、滑台等装置,以精确的方式进行码垛操作。

搬运机器人:搬运机器人的设计更加灵活,可以根据不同的搬运任务使用不同的工具和装置,例如机械臂、吸盘、夹爪等,以便应对各种形状和重量的物体。

3. 自主导航与定位

码垛机器人:码垛机器人一般只需要在固定的码垛平台或工作区域内进行运动,无需大范围的自主导航和定位能力。通常使用编程或者视觉传感器来辅助定位。

搬运机器人:搬运机器人需要具备更强的自主导航与定位能力,能够在复杂的环境中自主规划路径、避开障碍物,并精确到达目标位置。

4. 应用场景

码垛机器人:码垛机器人主要应用于快速消费品、物流仓储、制造业等领域,广泛用于实现物品的堆叠、摞垛等操作,提高生产效率。

搬运机器人:搬运机器人在工业制造、物流仓储、医疗卫生、酒店餐饮及零售业等领域都有应用,主要用于物品的搬运、装卸和运输,提高作业效率和降低劳动强度。

综上所述,码垛机器人和搬运机器人在功能、设计和应用场景上存在一些区别。码垛机器人主要用于堆叠、码垛操作,通常具备固定的平台或工作区域;搬运机器人则更灵活,用于搬运、装卸和运输物品,并需要具备更强的自主导航与定位能力。

项目 6　工业机器人自动装配工作站

项目描述

近年来,随着用工荒、招工难、订单个性化等问题凸显,国内亟需对传统制造业结构进行调整和优化升级。作为国内大型电机生产企业,D 电机公司决定对总装车间分阶段自主改造。你作为制造部工程师,负责装配工作站整体布置、机器人与 PLC 通信连接,以及整个电机装配产线的编程调试,保证工作站能够正常高效的运行。

思维导图

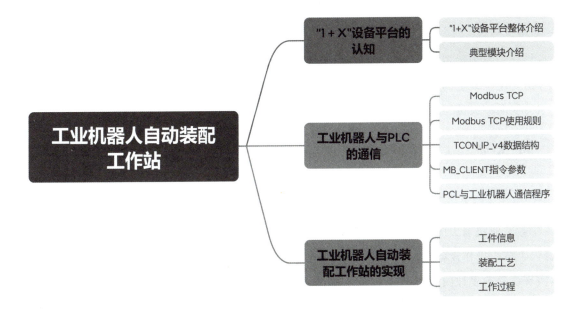

匠人匠语

制造业一直是中国经济的"压舱石"。早在 2010 年,中国就已成为了世界第一制造业大国,如今,"中国制造"在全球范围内的占比超过 35%,规模是美日德的总和。然而,在光辉的实体经济成绩之下,中国制造业也面临巨大压力,需要迫切实现优化转型,向数字化、网络化、智能化发展。我们不仅要让全世界人民知道中国制造的物美价廉,还要让他们清楚"中国品牌"引领世界。

任务 1 "1+X"设备平台认知

学习目标

(1)熟悉"1+X"设备平台的模块组成。
(2)了解"1+X"设备平台的工作原理。

任务描述

为了加快公司制造结构调整和优化升级,你作为制造部工程师肩负使命、直面挑战,负责整个工作站的升级改造。第一期先完成工作站各个生产模块的设计和布局,从而保证组装线能够顺利完成每个工位的生产任务。

要求:
(1)合理规划整条生产线每个模块的位置。
(2)对生产线上的每个模块,合理设计其任务和功能。
(3)能向一线员工清楚介绍生产线平台的每个模块。

任务分析

一、"1+X"设备平台整体功能介绍

华数工业机器人应用编程"1+X"考核设备 HSC 型以桌面型 6 轴工业机器人为核心操作设备,采用夹具快速切换装置,配置多种机器人末端工具,实现设备的多种功能快速自动切换,如图 6-1 所示。

机器人系统集成平台的组成和功能

外部设施配置有无需信息交互的斜面搬运、码垛、曲面绘图、简易装配等机器人工作对象,可重点进行机器人独立的应用编程训练和考核。

同时设备配置了基于外部 PLC(programmable logic controller,可编程逻辑控制器)控制的数字化仓库、井式和旋转供料装置、皮带输送装置、重量检测装置和工件信息读取/写入的 RFID(radio frequency identification,射频识别)装置,支撑常用的 PLC 应用编程及调试的练习与考核。

项目6　工业机器人自动装配工作站

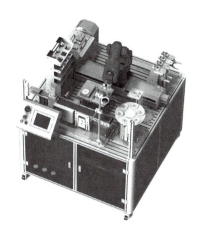

图 6-1　HSC 型"1+X"考核设备平台

系统配置的变位机、机器人外部行走轴、视觉检测装置等,覆盖多种通信方式,支撑了互联网技术应用的实践;另外配置的工业机器人离线编程软件,支持对复杂工艺编程,可有效扩展工业机器人应用编程的边界,实现任何可能的机器人操作任务。

二、典型模块介绍

(1)机器人本体模块:工业机器人系统采用华数 HSR-JR603-C30 系统,包含机器人本体(图 6-2)、机器人控制柜、示教器、机器人连接电缆。HSR-JR603 型工业机器人臂展 571.5 mm,负载能力为 3 kg,末端最大运行速度 3 m/s。

图 6-2　工业机器人本体

(2)夹具模块:夹具模块配置多种机器人末端工具,如图 6-3 所示,主要包括直手爪工具、弧形手爪工具、机器人标定尖端工具、吸盘工具等。

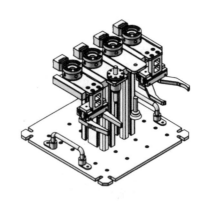

图 6-3 夹具模块

(3)井式供料模块：井式供料模块由圆柱形料筒和伸缩气缸组成，如图 6-4 所示，圆柱型料筒内径 50 mm，可同时装入减速机和输出法兰两种圆形物料。圆柱料筒底部配置对射型传感器(检测工件有无)，气缸配置磁性开关(检测动作是否执行)，气缸动作及其传感器信号均由 PLC 控制。

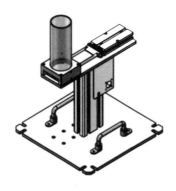

图 6-4 井式供料模块

井式供料及输送模块编程

(4)旋转供料模块：旋转供料模块具有 6 个工件放置位，沿圆盘圆周方向排列，如图 6-5 所示。旋转供料装置采用步进电机驱动，由 PLC 控制其运动；配置有 1∶80 减速比的谐波减速机，运动平稳、精度高；旋转供料平台配置有零位校准传感器和工件状态检测传感器。

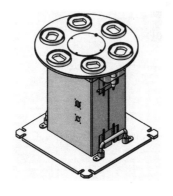

图 6-5 旋转供料模块

旋转供料模块编程

(5)皮带输送模块:皮带输送模块主要由皮带输送机、工件上料检测传感器、到位检测传感器组成,如图6-6所示。皮带输送机采用0~3 000 r/min直流电机驱动,运动减速比为1∶50。皮带可通过PLC控制模拟量进行调速,控制启停。

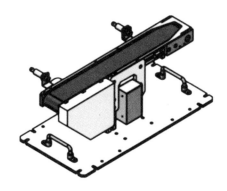

图6-6 皮带输送模块

(6)装配模块:装配模块为机器人组装零部件提供准确的操作工位,主要由伸缩气缸和工件定位夹紧块组成,如图6-7所示。

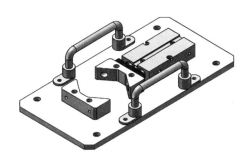

图6-7 装配模块

(7)变位机模块:变位机模块采用机器人外部轴控制,如图6-8所示,其电机驱动接收机器人控制器命令,通过示教器对其进行编程和操作。变位机采用绝对式编码器,减速机减速比为1∶50。

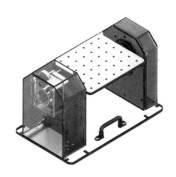

图6-8 变位机模块

(8)视觉检测模块:视觉检测模块主要包含相机、光源、控制器、通信软件和应用软件,如图 6-9 所示。视觉控制器为外部电脑,可检测工件外形轮廓、颜色、坐标值等,其信息通过 TCP/IP 发送到机器人控制器。

图 6-9 视觉检测模块

(9)重量检测模块(称重模块):重量检测模块包括力传感器、信号放大器和 PLC 的模拟量输入功能,如图 6-10 所示。称重传感器感应范围为 0~5 000 g,超负载可导致力传感器不可恢复损坏。当无负载时显示数值不是 0 时,可通过模块侧面孔,使用扁平螺丝刀对放大器进行调节,重新校准零点。

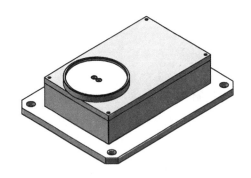

图 6-10 重量检测模块

称重模块编程

(10)仓储模块:仓储模块含 4 层×3 个存储位,如图 6-11 所示。下面两层配置有 6 个工件检测传感器,检测距离最大 15 mm,传感器信号集成于远程 I/O 模块,用于放置机器人关节装配的工件和成品;上面两层未配置传感器,可用于存放复杂工艺编程的工件。

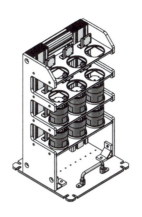

图 6-11 仓储模块

任务实施

(1)以工程师身份对"1+X"设备平台整体功能进行介绍。为公司员工讲解清楚"1+X"设备平台的组成、整体功能、不同模块之间的切换,等等。

(2)以工程师身份对"1+X"设备平台典型模块进行介绍。为公司员工讲解清楚"1+X"设备平台典型模块的组成、作用、原理。

任务评价

完成本任务后,请按照表6.1检查自己是否学会了任务须掌握的内容。

表 6.1 "1+X"平台认知评价表

序号	鉴定评分标准	是/否	备注
1	能够将"1+X"设备平台组成讲解清楚		
2	能够将"1+X"设备平台整体功能讲解清楚		
3	能够将"1+X"设备平台不同模块之间的切换讲解清楚		
4	能够将"1+X"设备平台每个模块的组成讲解清楚		
5	能够将"1+X"设备平台每个模块的作用讲解清楚		
6	能够将"1+X"设备平台每个模块的原理讲解清楚		

任务训练

(1)请你作为项目工程师,为大家讲解"1+X"设备平台的整体功能和各模块组成及作用。

(2)请你作为项目工程师,为大家讲解"1+X"设备平台每个模块的原理。

任务 2 　工业机器人与 PLC 的通信

学习目标

(1) 了解以太网通信基础；
(2) 掌握 MB_CLIENT 指令中各参数的含义；
(3) 会编写 PLC 与工业机器人通信程序；
(4) 会下载并调试程序。

任务描述

在完成前期工作站各个生产模块的设计和布局之后，公司希望你再接再厉，不断超越，开始进行第二期的生产线改造：将机器人与 PLC 建立通信，实现机器人与 PLC 的数据交互，如图 6-12 所示。

要求：
(1) PLC 往机器人示教器发送 DI、RI 数据。
(2) PLC 接收机器人示教器 DO、RO 数据。

图 6-12 　机器人与 PLC 通信

任务分析

1. ModbusTCP 通信的特点

（1）ModbusTCP 没有主站、从站之分，但是有服务器与客户端之分：发出数据请求的一方为客户端，做出数据应答的的一方为服务器。

（2）工业机器人与 PLC 进行 Modbus TCP 通信时，工业机器人为 Modbus 服务器，PLC 为客户端。

PLC 与机器人之间通信编程

（3）MB_CLIENT 指令作为 Modbus TCP 客户端通过 PROFINET 连接进行通信，该指令可以在客户端和服务器之间建立连接、发送 Modbus 请求、接收响应并控制 Modbus TCP 客户端的连接终端。

2. Modbus TCP 使用规则

（1）每个 MB_CLIENT 连接都必须使用唯一的背景数据块。

（2）对于每个 MB_CLIENT 连接，必须指定唯一的服务器 IP 地址。

（3）每个 MB_CLIENT 连接都需要一个唯一的连接 ID。

3. TCON_IP_v4 数据结构

与通信伙伴建立连接时要使用 TCON_IP_v4 指令，该指令包含了通信伙伴的相关信息，如表 6.2 所示。

表 6.2　TCON_IP_v4 数据结构

序号	字节	参数名字	数据类型	初始值	说　　明
1	0～1	Interface id	HW_ANY	64	本地通信端口的硬件标识符（范围：0～65 535）
2	2～3	ID	CONN_OUC	1	通信连接的标识符（范围：1～4 095）
3	4	connection_type	BYTE		连接类型：TCP 连接默认为 16♯0B
4	5	active_established	BOOL	1	是否主动进行连接通信。TRUE＝主动；FASE＝被动
5	6～9	remote_address	ARRAY[1..4] of BYTE		通信伙伴的 IP 地址
6	10～11	remote_port	UINT	502	通信伙伴的端口号（范围：1～49 151）
7	12～13	local_port	UINT	0	本地端口号（范围：1～49 151）

4. MB_CLIENT 指令参数

如图 6-13 所示,MB_CLIENT 指令的每一个引脚都有详细说明,开始编程之前应熟悉 MB_CLIENT 指令每个引脚的含义。MB_CLIENT 指令参数如表 6-3 所示。

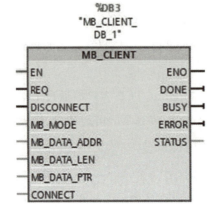

图 6-13 MB_CLIENT 指令

表 6.3 MB_CLIENT 指令参数

参数	声明	数据类型	说明
REQ	Iuput	BOOL	与服务器之间的通信请求,上升沿有效
DISCONNECT	Input	BOOL	通过该参数,可使控制与 Modbus TCP 服务器建立和终止连接。0(默认):建立连接;1:断开连接
MB_MODE	Input	USINT	选择 Modbus 请求模式(读取、写入或诊断)。0:读;1:写
MB_DATA_ADDR	Input	UDINT	由 MB_CLIENT 指令所访问数据的起始地址
MB_DATA_LEN	Input	UINT	数据长度:数据访问的位或字的个数
MB_DATA_PTR	InOut	VARIANT	指向 Modbus 数据寄存器的指针
CONNECT	InOut	VARIANT	指向连接描述结构的指针。TCON_IP_v4(S7-1200)
DONE	Out	BOOL	如果最后一个 Modbus 作业成功完成,则输出参数 DONE 中的该位将立即置位为"1"
BUSY	Out	BOOL	0:无正在进行的 Modbus 请求;1:正在处理 Modbus 请求
ERROR	Out	BOOL	0:无错误;1:出错,出错原因由参数 STATUS 指示
STATUS	Out	WORD	指令的详细状态信息

项目6 工业机器人自动装配工作站

任务实施

1. PLC 通信硬件组态

(1)打开 TIA 软件→创建新项目→项目名称"MODBUS_TCP"→点击"创建",如图 6-14(a)所示。

(2)添加新设备→选择"CPU1215C DC/DC/DC",如图 6-14(b)所示。

(3)在硬件目录中添加信号模块 SM 1223(DI16/DQ16×24VDC),如图 6-14(c)所示。

(4)设置 PLC 的 IP 地址 192.168.0.1,子网掩码 255.255.255.0,如图 6-14(d)所示。

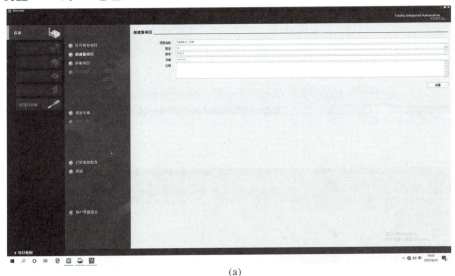

(a)

(b)

图 6-14 硬件组态

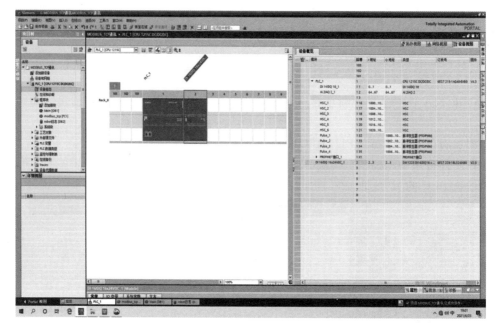

(c)

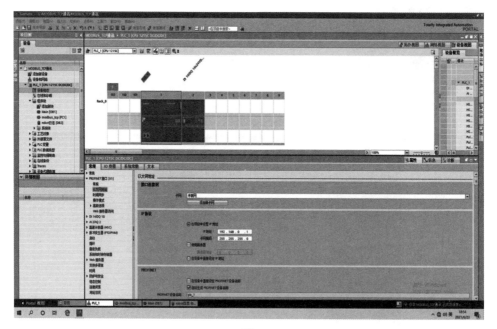

(d)

图 6-14 硬件组态(续)

2. PLC 通信编程

(1) 创建 DB 全局数据块(图 6-15),添加传输变量。

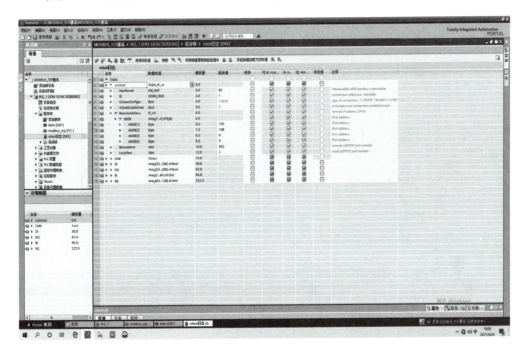

图 6-15 DB 全局数据块

(2) 创建 TCON_IP_v4 传输对象(图 6-16)。

CONNECT	TCON_IP_v4	
InterfaceId	HW_ANY	64
ID	CONN_OUC	1
ConnectionType	Byte	16#0B
ActiveEstablished	Bool	1
RemoteAddress	IP_V4	
ADDR	Array[1..4] of Byte	
ADDR[1]	Byte	192
ADDR[2]	Byte	168
ADDR[3]	Byte	0
ADDR[4]	Byte	5
RemotePort	UInt	502
LocalPort	UInt	0

图 6-16 TCON_IP_v4 数据

(3)添加函数 FC(图 6-17),编写机器人与 PLC 的通信程序。

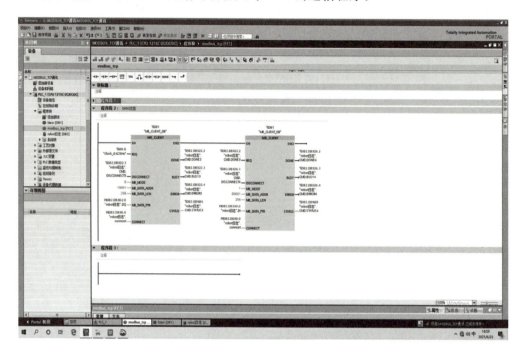

图 6-17　FC 函数块

任务评价

完成本任务后,请按照表 6.4 检查自己是否学会了任务须掌握的内容。

表 6.4　工业机器人与 PLC 通信评价表

序号	鉴定评分标准	是/否	备注
1	能够描述 ModbusTCP 的通信特点		
2	清楚 ModbusTCP 的使用规则		
3	熟悉 TCON_IP_v4 的数据结构		
4	熟悉 ModbusTCP 客户端、服务器的指令块		
5	能够编写工业机器人与 PLC 通信的 DB 数据块		
6	能够编写工业机器人与 PLC 通信的 FC 函数块		

任务训练

1.在"1+X"设备平台上,编程并调试 PLC 与机器人通信,实现 PLC 往机器人发送数据。
2.在"1+X"设备平台上,编程并调试 PLC 与机器人通信,实现机器人从 PLC 读取数据。

任务 3　工业机器人自动装配工作站

学习目标

(1) 掌握关节部件顺序装配工艺流程。

(2) 了解设备网络组态。

任务描述

在完成前期工作站各个生产模块的设计和布局以及与 PLC 的通信连接之后,公司要求你开始实施生产线第三期的改造,完成整个电机装配生产线的编程和调试,要求装配过程流畅,工件能装配到位,配合尺寸要准确,不出现磕碰和损伤。

要求:(1) 完成各个生产线模块的示教和编程;

(2) 对整个电机生产线模块进行集成和调试。

任务分析

(1) 设备初始化:完成一套关节部件的装配(含 4 个零件的装配,其中关节底座、电机部件、减速器和输出法兰各 1 个,见图 6-18)。装配开始时,关节底座放置于立体库 101 位置,电机位于旋转料仓的某个位置,输出法兰和减速器部件均手动放置于井式料仓中,如图 6-19 所示。

一套关节部件
顺序装配

图 6-18　工件信息

图6-19 设备初始化

(2)顺序装配:将关节底座、电机、减速器、输出法兰依次进行装配,如图6-20所示。

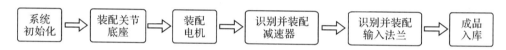

图6-20 顺序装配工艺

(3)工作过程。

①系统初始状态:工业机器人、视觉系统、PLC处于联机状态,工业机器人处于原点位置({0°,-90°,180°,0°,90°,0°}),变位装配气缸上没有工件,旋转供料平台处于原点位置。

②关节底座装配:按下HMI(human-machine interface,人机界面)启动按钮,工业机器人自动抓取弧口手爪工具并返回原点,然后机器人抓取立体库上的关节底座工件,将关节底座搬运至变位机定位模块上,定位气缸伸出固定关节底座工件,完成关节底座的装配。

③电机零件装配:机器人自动更换平口手爪工具,抓取立体库201位置的电机,并装配到关节底座上。

④减速器装配:机器人自动更换吸盘,并控制转盘顺时针旋转,检测到减速器后,转盘继续顺时针旋转60°后自动停止,机器人正确抓取工件并装配到关节底座上。

⑤法兰盘装配:机器人调整吸盘角度,正确吸持法兰盘工件,将法兰盘正确搬运至关节底座内,完成法兰盘的装配。

⑥成品入库:机器人自动更换弧口手爪工具,正确抓取关节成品并搬运至称重模块进行称重,称重完成后机器人搬运成品套件到RFID读写模块上进行数据写入,再将关节成品搬运至立体库101位置,完成一套关节成品的装配任务。

⑦系统结束复位:待一套关节部件装配完成后,机器人自动将末端工具放入快换装置并返回工作原点({0°,-90°,180°,0°,90°,0°}),变位机自动复位到水平状态。

任务实施

根据控制逻辑和规划的主程序、子程序功能,编写部分程序如下。

1. 关节底座装配程序

```
J JR[0]              '机器人在原点
J JR[2]              '运动到仓储过渡点
CALL "ZK0.PRG"       '夹爪张开
L LR[41]             '运动到取料过渡点1
L LR[42]             '运动到取料点
CALL "ZK1.PRG"       '夹爪夹紧物料
L LR[43]             '运动到取料点正上方
L LR[44]             '运动到取料过渡点2
J JR[2]              '运动到仓储过渡点
J JR[3]              '运动到装配台过渡点
J LR[45]             '运动到放料点正上方
DO[51] = ON
WAIT TIME = 500
DO[51] = OFF         '装配台张开
L LR[46]             '运动到放料点
CALL "ZK0.PRG"       '夹爪张开
L LR[45]             '运动到放料点正上方
DO[52] = ON
WAIT TIME = 500
DO[52] = OFF         '装配台夹紧工件
J JR[3]              '运动到装配台过渡点
J JR[0]              '机器人在原点
```

2. 电机装配程序:

```
J JR[0]              '机器人在原点
J JR[2]              '运动到旋转供料台过渡点
DO[53] = ON
WAIT TIME = 500
DO[53] = OFF         '旋转供料台搜索工件
```

```
L LR[51]        '运动到取料点正上方
L LR[52]        '运动到取料点
DO[12] = ON     '打开真空吸盘
WAIT TIME = 500    '等待500 ms
J JR[2]         '运动到旋转供料台过渡点
J JR[3]         '运动到装配台过渡点
J LR[55]        '运动到放料点正上方
L LR[56]        '运动到放料点
DO[12] = OFF    '关闭真空吸盘
WAIT TIME = 500    '等待500 ms
L LR[55]        '运动到放料点正上方
J JR[3]         '运动到装配台过渡点
J JR[0]         '机器人在原点
```

3. 减速器或法兰盘装配程序

```
J JR[0]              '机器人在原点
UTOOL_NUM = 1        '调用吸盘工具坐标系
LR[71][0] = R[102]   '取料点X坐标赋值
LR[71][1] = R[103]   '取料点Y坐标赋值
LR[71][2] = -210     '取料点安全高度Z坐标赋值
L LR[71]
LR[72] = LR[71]
LR[72][2] = -260
L LR[72]
DO[12] = ON
WAIT TIME = 500
L LR[71]
J JR[3]
J LR[75]
LR[76][3] = -90-R[104]
L LR[76]
DO[12] = OFF
WAIT TIME = 500
```

L LR[75]

UTOOL_NUM = -1

J JR[3]

J JR[0]

任务评价

完成本任务的操作后,根据考证考点,请按照表6.5检查自己是否学会了考证必须掌握的内容。

表6.5 机器人自动装配工作站评价表

序号	鉴定评分标准	是/否	备注
1	能够将"1+X"设备平台系统各组成部分联机并恢复初始状态		
2	能在自动/外部模式下正确装配关节底座		
3	能在自动/外部模式下正确装配电机		
4	能在自动/外部模式下正确装配减速器		
5	能在自动/外部模式下正确装配法兰盘		
6	能在自动/外部模式下正确完成成品入库		
7	能在自动/外部模式下完成一套关节部件的装配		

任务训练

1. 在"1+X"设备平台上,用自动模式正确完成一套工业机器人关节部件的装配。
2. 在"1+X"设备平台上,用外部模式正确完成一套工业机器人关节部件的装配。

参考文献

[1]叶晖.工业机器典型应案例精析[M].北京:机械工业出版社,2013.
[2]郝巧梅,刘怀兰.工业机器人技术[M].北京:电子工业出版社,2016.
[3]汪励,陈小艳.工业机器人工作站系统集成[M].北京:机械工业出版社,2014.
[4]熊有伦.机器人技术基础[M].武汉:华中科技大学出版社,1996.
[5]兰虎.焊接机器人编程及应用[M].北京:机械工业出版社,2013.
[6]佘明洪,余永洪.工业机器人操作与编程[M].北京:机械工业出版社,2017.
[7]邢美峰.工业机器人操作与编程[M].北京:电子工业出版社,2016.